教育部中等职业教育"十二五"国家规划立项教材
中等职业教育服装设计与工艺专业系列教材

U0379461

服装立体裁剪

主　编　苟春平
副主编　黄正果

FUZHUANG
LITI CAIJIAN

重庆大学出版社

图书在版编目（CIP）数据

服装立体裁剪 / 苟春平主编. —重庆：重庆大学出版
社，2017.8
中等职业教育服装设计与工艺专业系列教材
ISBN 978-7-5624-9505-5

Ⅰ.①服…　Ⅱ.①苟…　Ⅲ.①立体裁剪—中等专业
学校—教材　Ⅳ.①TS941.631

中国版本图书馆CIP数据核字（2015）第242206号

中等职业教育服装设计与工艺专业系列教材

服装立体裁剪

主　编　苟春平

副主编　黄正果

责任编辑：袁文华　　版式设计：袁文华

责任校对：邬小梅　　责任印制：张　策

重庆大学出版社出版发行

出版人：易树平

社址：重庆市沙坪坝区大学城西路21号

邮编：401331

电话：（023）88617190　88617185（中小学）

传真：（023）88617186　88617166

网址：http://www.cqup.com.cn

邮箱：fxk@cqup.com.cn（营销中心）

全国新华书店经销

POD：重庆新生代彩印技术有限公司

开本：787mm×1092mm　1/16　印张：6.25　字数：145千

2017年8月第1版　　2017年8月第1次印刷

ISBN 978-7-5624-9505-5　定价：25.00元

编写合作企业

重庆雅戈尔服装有限公司

重庆校园精灵服饰有限公司

金夫人婚纱摄影集团

重庆段氏服饰实业有限公司

重庆名瑞服饰集团有限公司

重庆蓝岭服饰有限公司

重庆锡霸服饰有限公司

重庆金考拉服装有限公司

重庆热风服饰有限公司

重庆索派尔服装企业策划有限公司

重庆圣哲希服饰有限公司

广州溢达制衣有限公司

重庆红枫庭名品服饰有限公司

重庆双杰制衣有限公司

深圳格林兄弟科技有限公司

出版说明

2010年《国家中长期教育改革和发展规划纲要(2010—2020)》(以下简称《纲要》)正式颁布,《纲要》对职业教育提出:"把提高质量作为重点,以服务为宗旨,以就业为导向,推进教育教学改革。"为了贯彻落实《纲要》的精神,2012年3月,教育部印发了《关于开展中等职业教育专业技能课教材选题立项工作的通知》(教职成司函〔2012〕35号)。根据通知精神,重庆大学出版社高度重视,认真组织申报工作。同年6月,教育部职业教育与成人教育司发函(教职成司函〔2012〕95号)批准重庆大学出版社立项建设"中等职业教育服装设计与工艺专业系列教材",立项教材经教育部审定后列为中等职业教育"十二五"国家规划教材。选题获批立项后,作为国家一级出版社和职业教材出版基地的重庆大学出版社积极协调,统筹安排,联系职业院校服装设计类专业教学指导委员会,听取高校相关专家对学科体系建设的意见,了解行业的需求,从而确定系列教材的编写指导思想、整体框架、编写模式,组建编写队伍,确定主编人选,讨论编写大纲,确定编写进度,特别是邀请企业人员参与本套教材的策划、写作、审稿工作。同时,对书稿的编写质量进行把控,在编辑、排版、校对、印刷上认真对待,投入大量精力,扎实有序地推进各项工作。

职业教育,已成为我国教育中一个重要的组成部分。为了深入贯彻党的十八大和十八届三中、四中全会精神,贯彻落实全国职业教育工作会议精神和《国务院关于加快发展现代职业教育的决定》,促进职业教育专业教学科学化、标准化、规范化,建立健全职业教育质量保障体系,教育部组织制定了《中等职业学校专业教学标准(试行)》,这对于探索职业教育的规律和特点,创新职业教育教学模式,规范课程、教材体系,推进课程改革和教材建设,具有重要的指导作用和深远的意义。本套教材就是在《纲要》指导下,以《中等职业教育服装设计与工艺专业课程标准》为依据,遵循"拓宽基础、突出实用、注重发展"的编写原则进行编写,使教材具有如下特点:

(1)理论与实践相结合。本套书总体上按"基础篇""训练篇""实践篇""鉴赏篇"进行编写,每个篇目由几个学习任务组成,通过综述、培养目标、学习重点、学习评价、扩展练习、知识链接、友情提示等模块,明确学习目的,丰富教学的传达途径,突出了理论知识够用为度,注重学生技能培养的中职教学理念。

(2)充分体现以学生为本。针对目前中职学生学习的实际情况,注意语言表达的通俗性,版面设计的可读性,以学习任务方式组织教材内容,突出学生对知识和技能学习的主体性。

（3）与行业需求相一致。教学内容的安排、教学案例的选取与行业应用相吻合，使所学知识和技能与行业需要紧密结合。

（4）强调教学的互动性。通过"友情提示""试一试""想一想""知识链接"等栏目，把教与学有机结合起来，增加学生的学习兴趣，培养学生的自学能力和创新意识。

（5）重视教材内容的"精、用、新"。在教材内容的选择上，做到"精选、实用、新颖"，特别注意反映新知识、新技术、新水平、新趋势，以此拓展学生的知识视野，提高学生美术设计艺术能力，培养前瞻意识。

（6）装帧设计和版式排列上新颖、活泼，色彩搭配上清新、明丽，符合中职学生的审美趣味。

本套教材实用性和操作性较强，能满足中等职业学校美术设计与制作专业人才培养目标的要求。我们相信此套立项教材的出版会对中职美术设计与制作专业的教学和改革产生积极的影响，也诚恳地希望行业专家、各校师生和广大读者多提改进意见，以便我们在今后不断修订完善。

重庆大学出版社

2017年3月

前　言

　　社会在发展，时代在前进，服装行业也在飞速发展，同样，中等职业技术学校也要在时代的驱动下发展壮大，积极改进教学，实现与高等职业技术院校接轨以及与社会接轨。

　　本书通过进行市场调研，结合企业行家、行业专家的典型任务分析，从中职学生的具体情况出发，呈现出以实用性和可操作性为主的特点。书中介绍的服装立体裁剪，把立体的人体通过平面的版型展现出来。凭借人体模型、布料，运用正确的裁剪方式，形象直观地给学生展示服装的成型过程，帮助学生理解。在制作过程中，使学生认识人体的各个部位特点，从而感受布料与人体之间的可塑造感和空间感，以达到培养学生创造能力的要求。

　　本书具有以下特点：

　　（1）内容丰富、图文并茂。内容上共分为三大版块六大任务，用遵循循序渐进的规律编写而成，内容详实，条理清晰，图文并茂。基础篇主要讲解工具、材料、手法等的正确运用，省、褶、领、袖等操作的基本方法；实践篇主要讲解服装分割和裙装制作方法；赏析篇以优美服饰为主开拓视野。这种布局能够帮助学员构建服装立体裁剪的概念，完成服装知识的构架，更加系统地掌握服装结构原理，提升学习者水平。

　　（2）条理清晰、设计巧妙。准确采用立体造型分析的方法确定服装衣片的结构形状，完成服装款式的样板设计。掌握立体造型的操作方法和技巧，有助于启发灵感，大大开阔设计思路。既能看见立体形象，又能感到美的平衡，还能充分使用面料的特性。由基础到实例都展现了各个款式的细节特征，为广大服装制作爱好者提供帮助。

　　（3）注重教与学互动，体现细节。各环节设有培养目标、学习目标、学习重点、学习手段、学习课时、学习评价等，并在正文中穿插想一想、练一练、知识链接等小版块。附录中的英文说明和符号说明，体现了与国际接轨的步伐，也体现了本门课程时尚特色。整本书内容丰富，形式多样，既方便老师在教学环节灵活使用，又帮助学生在学习环节随时思考和练习，充分体现教与学的互动，提高教学质量。

　　本书前言、绪论、基础篇、赏析篇由苟春平编写，实践篇、附录由黄正果编写，苟春平负责全书的统稿，殷翔、吴述英负责审稿。本书中的图片由洪友兰负责拍摄，黄正果负责图片的后期处理。

　　本书在编写的过程中得到了苏永刚教授（四川美术学院），杨焱教授（四川美术学院)，唐晓宇副教授（重庆索派尔服装企业策划有限公司技术总监、重庆城市管理职业学院）等专家的亲临指导，以及同行教师的大力支持，同时也参考了部分网络资源。在此，对所有提供帮助的学者们表示真诚的感谢。由于本书编写仓促，时间紧迫，书中引用的个别相关资料未能与原作者及时取得联系，敬请谅解，有关事宜请直接联系本书作者。

　　由于编者水平有限，书中疏漏、不足之处恳请各位专家及同行批评指导。

编　者
2017年3月

目　录

赏析篇

附录

绪　论

一、立体裁剪的概念

立体裁剪,是完成服装款式造型的重要手段之一。服装立体裁剪,在法国称之为"抄近裁剪",在美国和英国称之为"覆盖裁剪",在日本则称之为"立体裁断"。设计师可以边设计边裁剪,直观地完成服装结构设计,表达设计者的灵感。

服装立体裁剪是一种浅显的叫法,它的规范名是服装立体结构设计,是服装结构设计的方法之一,不受任何数据的捆绑,追求的是艺术感受。立体结构设计,首先用布料(坯布最佳)直接覆盖在人台或人体上,通过分割、折叠、抽缩、拉展等技术手法,在人体模型上进行服装款式造型,裁剪成预先构思好的服装造型,再取下布样在平台上进行修正,转换成服装样板再制成服装。通过收省、切割、褶裥等方法,做出预期的艺术外型,再将人台的布料裁剪,然后铺在纸上制成规范的服装样板。立体结构设计能够直接看出服装外观,包含了一切的服装设计在内,既能得其样板,又能探其个性。

服装立体裁剪和平面结构设计是服装结构设计的两大方法。在制衣厂里,休闲服装通常较宽松,不必用立体裁剪而用平面结构设计;在一些高档时装厂里,服装着重于外型,样式以贴体、较贴体为主,常用到立体裁剪。以立体裁剪获得基型模版,再把基型模版用平面结构设计去改变,这样既快又准。在国内,往往以平面结构设计为主,以立体裁剪为辅。尽管立体裁剪做出的样板精确,但费时且效率低,不适于社会化大生产,目前在国内并没有得到普及。

二、立体裁剪的渊源

立体裁剪这一造型手段是随着服装文明的发展而产生和发展的,西方服装史将服装造型分为非成型、半成型和成型三个阶段,每个阶段都代表了西方服装史的发展过程,而立体裁剪产生于服装发展的第三个时期,也就是历史上的哥特时期。在这一时期,随着西方人文主义哲学和审美观的确立,在北方日耳曼窄衣文化的基础上逐渐形成了强调女性人体曲线的立体造型,这种造型从此成为西方女装的主体造型,因此,欧洲历史上的哥特时期是欧洲服装史上窄衣文化形成的重要时期。随后,在服装的定制过程中逐渐得到发展,因为定制服装要求合体度高,所以以实际人体为基础进行立体裁剪是必然的,这种方法一直沿用到今天的高级时装制作。随着现代服饰文化与服装工业的发展,人们开始采用一种标准尺寸的人体模型来代替人体完成某个服装号型的立体裁剪。人们审美改变、生活质量改善及档次和品位的提高，都促进了服装裁剪技术的完善与提高。因此，现代立体裁剪技术是在充分地、科学地把握人体结构基础上的服装造型手法。

三、立体裁剪与平面裁剪的区别

1.平面裁剪的优势

(1) 平面裁剪是实习经验总结后的进步，具有很强的理论性。

(2) 平面裁剪标准较为固定，比例分配相对合理，具有较强的操作稳定性和广泛的可操作性。

(3) 由于平面裁剪的可操作性，对于一些商品而言是提高生产效率的一个有用办法，如西装、夹克、衬衫以及职业装等。

(4) 平面裁剪在松量的控制上，能够有据可依，例如：1/4B+5 cm，5 cm即为松量，便于初学者掌握与运用。

2.立体裁剪的优势

(1) 立体裁剪是以人台或模特为操作目标的一种形象操作，具有较高的适体性和科学性。

(2) 立体裁剪的整个进程实际上是二次描写、规划描写以及裁剪的集合体，操作的进程实质是一个美感领会的进程，所以立体裁剪有助于描写的完善。

(3) 立体裁剪是直接对布料进行的一种操作办法，对布料的功用有更强的感受；在外型表达上更加多样化，许多赋有创造性的外型都是运用立体裁剪来完成的。

四、立体裁剪的五大步骤

1.备布

立体裁剪备布应依据所要立裁样式的巨细，剪下相应巨细的布块，然后用拽拉整烫的办法，把布丝纱向找正，并在需求的方位上用铅笔画出立裁的辅助线，此刻备用布完结。

2.垂平

把备布披挂在人台上，选用收省、抽褶、打剪口，坚持布的纱向在必要部位笔直水平，或理出想要的外型，用大头针钉住布料固定外型。

3.墨刻

用铅笔在已垂平好的布料上，刻画出各种部位和缝线象征。

4.琢形

把墨刻好的布从人台上取下来，依据做的符号，把缝线和剪口精密精确地勾画出来，雕刻成型，产生原形布板。

5.追影

把原形布板用带针滚轮和制板复印纸转移到另一块布和纸板上，形影完全相同。

五、立体裁剪的应用规模

立体裁剪技能广泛地运用在服装出产、橱窗展现和服装教育中。

1.用于服装出产的立体裁剪

服装出产分为两种不一样的方法，即产量化的裁缝出产和单件的量身定制方法。立体裁剪在服装出产中也常常也因出产性质的不一样，而选用的技能方法不同。一种为立体裁剪与平面裁剪相联系，使用平面布局制图取得基本版型，再使用立体裁剪进行试样、批改；另一种为直接在规范人台上取得样式外型和样板。立体裁剪在服装出产中要求技能操作非常严谨。

2.用于服装展现的立体裁剪

立体裁剪因其在外型上的可操作性，也较多地运用于服装展现描绘，如橱窗展现、布料陈设描绘、大型的展销会的会场布置，其夸大、个性化的外型在灯火、道具和配饰的烘托下，将样式与布料的顶级盛行感性地呈现在观者眼前，表现了商业与艺术的联系。

3.用于服装教育中

随着社会的发展，需要高素质的服装专业人才，老的裁剪方式已不能适应新的形势。学生需要接受科学先进的教学模式，学习新的裁剪方法，适应市场，了解需求，完善自我，这是学生重要的发展方向。

基础篇

JICHUPIAN >>>

[综　　述]

本篇主要通过立体裁剪的基础介绍，女装衣身胸省、褶造型及设计，袖的造型，领的立体造型四个学习任务由浅入深地讲解，让学生对立体裁剪的学习进行层层深入，对知识的掌握更加牢固。通过本篇的学习，学生能够运用正确的立体裁剪手法制作简单的造型，将平面制作引入立体的概念；将抽象的概念转为直观的概念。原型衣、褶、省等通过立体裁剪的实践操作，开拓了学生的视野，也开发了学生的思维。领、袖的立体裁剪学习，展示了服装制作另一个领域的魅力，激发了学生的求知欲和探究问题的能力。基础篇从服装的原理着手，从部位着手，给学习者清晰的思维，为构建服装整体结构理念打下坚实的基础。

[培养目标]

①能正确运用立体造型的手法。

②会零部件的立体造型。

③培养学习者的创作思维。

④激发学习者的兴趣。

[学习手段]

多媒体展示、实践操作、小组合作、量化评价。

>>>>>>> 学习任务一

立体裁剪基础

[学习目标] ①能辨认立体裁剪的工具与材料。
②能标记人体模型基础线。
③能正确运用大头针，会使用坯布修正处理。
④会布手臂模型制作。
⑤能进行人台修正处理。
⑥培养学生分析问题、独立思考的能力。

[学习重点] ①人体模型标记线的制作。
②正确使用立体裁剪的手法。
③使用坯布修正处理，会布手臂的制作。

[学习课时] 12课时。

一、工具与材料

立体裁剪的目的是让服装更加符合人体。立体裁剪是用直观的方法将服装从平面展现于立体，所以对材料和工具的选择也非常重要。现就用具与材料进行逐一介绍。

1.人体模型

(1) 立裁人台

立裁人台简称人台，也称试衣模特、包布模特。现在主要有两大类，第一类是斜插针形式，以树脂玻璃钢为主要材料制作而成的硬质人台；第二类是直插针形式，以PU为主要材料制作而成的软质人台。此外，还有一类是木质人台，但因接触和实际学习生产中使用较少，这里不作介绍。本书用的是不加松量的人体躯干部分的裸体人台。

人体模型的分类方法有很多种，按放松量分类，可分为成衣模型和裸体模型；按性别和年龄分类，可分为男体模型、女体模型和童体模型；按人体国别分类，可分为法式人体模型、美式人体模型和日式人体模型等。就立体裁剪而言，分为裸体人体模型和工业人体模型两种。裸体人体模型基本是按照人体的比例和裸体形态仿造出的人体模型，适用于内衣、礼服等不同款式的服装造型和裁剪。工业人体模型是在裸体人体模型的基础上，在一些适当部位加了人体所需的放松量，由固定规格号型构成的工业人体模型，适合于外套生产和较宽松服装的造型设计。

（2）人台利弊

①斜插针人台，主体为树脂玻璃钢材料，强度大，为硬体结构，外包薄层海绵及外包布。使用时，插针深度为2~3 cm，珠针基本与人台表面平行插入。

优点：人台生产过程中形状尺寸易人为掌控，尺寸误差小，使用时不易变形。

缺点：树脂玻璃钢原材料选择不当会有较为刺鼻的异味，插针方式斜插不够方便易行。

②直插针人台，主体一般为PU或其他软质泡沫材料，外包布或类似皮革材质。比较软，有弹性，插针深度为4 cm左右，珠针可垂直插入。

优点：人台质地柔软，方便插针，个别品牌有可调节维度大小的人台产品。

缺点：由于材质及生产工艺导致人台各部位尺寸误差略大，软体结构较斜插针人台而言，略易变形，不易控制。

（3）人台模型

以下是部分人台图片集锦（图1-1—图1-9）。

友情提示

直插针人台和斜插针人台均为塑料材质，不耐高温，不耐压，不耐撞击。使用时需小心，否则均有可能导致人台变形或损坏。

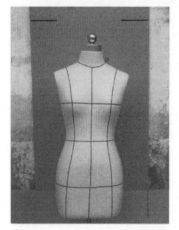

图1-1

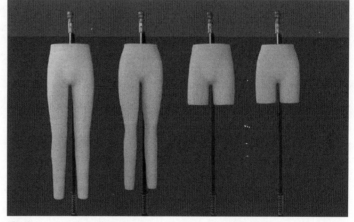

图1-2

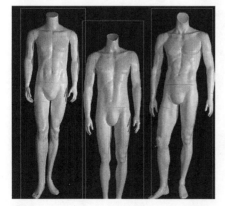

图1-3

图1-4

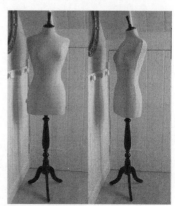

图1-5

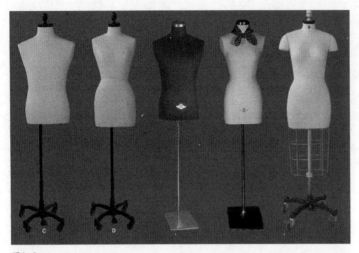

图1-6

图1-7

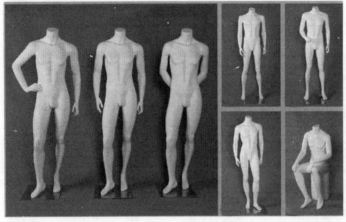

图1-8

图1-9

2.布料

立体裁剪一般根据服装款式，采用不同厚度的平纹白坯布或者麻质坯布（图1-10）。选用的坯布尽量与实际裁剪的面料性质相近。对于特殊面料的服装，可以直接用面料进行立体裁剪。

3.棉花

棉花或者膨松棉用于手臂模型的制作，还可以用来调节人体模型的某个部位，以满足服装造型的需要（图1-11）。

图1-10

图1-11

4.用具

立体裁剪常用的工具有以下几种 （图1-12）：

● 剪刀：一种是进行立体裁剪时的专用裁布剪刀，一种是裁衣剪刀。裁剪剪刀选用9号、10号、11号为宜。一般24~28 cm长的使用起来比较方便，主要用来裁剪大块面料。另一种小剪刀比较细小锋利，特别是刀尖锋利，利于打剪口、修省道，使用灵活。

● 大头针：0~5 mm细长的光滑的针，很容易刺在布上。它充当着缝纫线和针的角色。细而尖的针首选，塑料珠头的大头针虽然细而尖，但由于颜色各异，头部较大，一般不宜选用。

● 手工针：手工针多采用6号或者7号。

● 针插：针插里侧有橡皮筋，可以将橡皮筋套在手腕上。

● 缝纫线：一般采用白棉线和具有醒目颜色的红棉线或涤棉线。

● 色带和织带：在人台上标示出人体的几条线迹，一般选用最为醒目的红色、白色或者黑色。在款式的操作中用来做设计线。用于弧线弧度较大的、圆弧领角及口袋的圆度等，作记号时使用。

● 熨斗：选用布料一般都有皱褶，在制作之前都要用熨斗将布料烫平，也可扣烫缝份及整理用。

● 记号笔：在人体模型上做好造型后要做标记，将标有记号的作为版型制作的依据。有时也用如麦克笔做记号的划粉笔。用这种笔做的记号会随着时间的流逝而自然消失。记号笔的两头都能用，且头较细。

● 软尺：测量身体的长度、围度。

● 直尺：在立体裁剪中，主要用于服装长度及其他部位的测量。

● 曲线尺：大刀尺，用来画袖窿、袖山、领口等处；"6字尺"，一般用于袖窿、袖克夫圆角、后裤浪、领窝等；放码尺，多用于放缝；D形尺，用于画领围、袖窿等较弯曲线；圆尺，沿着曲线使其旋转测量而得。

● 蛇形尺：用于测量袖窿、袖山等曲线的长度。

● 滚轮：用于拷贝布料的线迹成为纸样等。分为标准齿（齿尖尖锐）和钝齿（齿尖成圆形）。

● 拷贝纸：两面或者单面有印粉的复写纸，做标记或者拷贝时用。颜色有多种。

● 美工刀：切割纸样用。

● 活动铅笔：HB笔芯有0~5 mm、0~7 mm、0~9 mm，根据纸样上的线迹选择铅笔芯的粗细。

● 牛皮纸：也称为打板纸，用于制作服装样板，立体裁剪后得到的平面展开图，在牛皮纸上使用或者进行样板放缩。

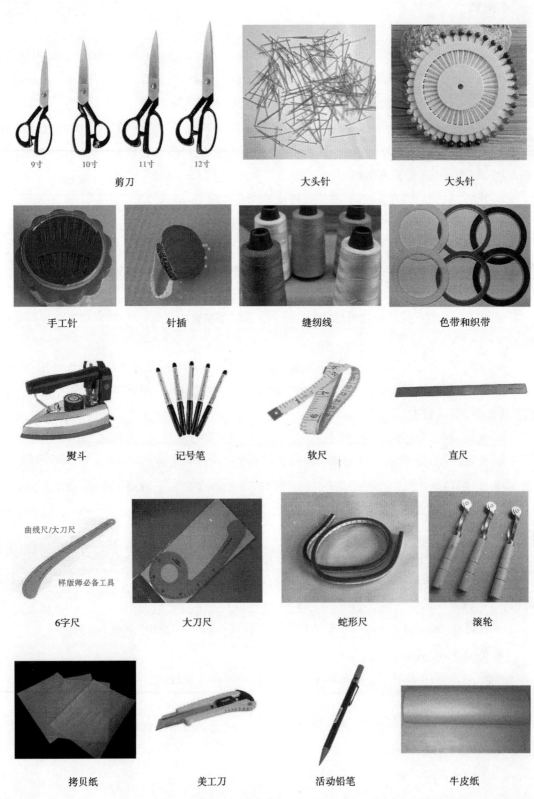

剪刀 9寸 10寸 11寸 12寸

大头针

大头针

手工针

针插

缝纫线

色带和织带

熨斗

记号笔

软尺

直尺

曲线尺/大刀尺

样版师必备工具

6字尺

大刀尺

蛇形尺

滚轮

拷贝纸

美工刀

活动铅笔

牛皮纸

图1-12

二、基本操作

1.人体模型标记线的标示

人台上的标志线是立体裁剪时的基准线,是进行立体裁剪前的准备工作。白坯布的丝缕与这些标志线吻合,才能保证立体裁剪的正确性。模型的基准线像一种立体的尺,帮助我们在三维空间造型中把握人体的结构,确定服装各部位的比例关系及对分割设计发挥重要作用。标定前要先将模型固定在模型架上,确保与地面呈垂直状态,标记线要选用醒目的且与人台对比度较大的颜色,按照横平竖直的原则进行标定。

● 前中心线:在颈中心点固定带子一端,在另一端系一重物,以确定前中心线,确保色带垂直,将色带固定在模型表面。注意不要拉得太紧,在腰部的地方将色带轻轻按压固定好(图1-13)。

● 后中心线:与前中心线标记方法一样,自后领围中心点向下悬挂一重物贴好标记带。前后标记好后,用软尺检查前后中心线的距离,调整到两者之间的距离相等(图1-14)。

● 胸围线:胸围线是胸部最丰满位置的水平线,可以在前面两个胸高点上水平围量一圈。为了保证胸围线与地面平行,从人台的侧面找到BP点。也可用测高仪确定BP点,然后在同一高度下找到人台上一周该高度的位置做好标记,然后环绕一周贴好标记带(图1-15)。

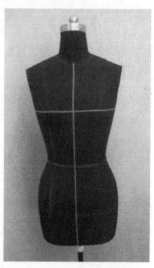

图1-13　　　　　　　　　　图1-14　　　　　　　　　　图1-15

● 腰围线:腰围线是腰部最细的地方,最好是从后中心线开始,与地面平行围绕模型一周做好标记。也可用测高仪找到同高度下人台上一周的点用大头针做好记号,贴出一周的标记线(图1-16)。

● 臀围线:臀围线是臀部最丰满处的水平线,一般在腰围线下18~20 cm处,从模型臀后部开始。水平围量一周做好标记,从侧面观察臀部位置是否水平并加以确认(图1-17)。

● 颈围线:颈围线是围绕模型颈根部的基准线,从后颈点开始,以该点水平移动2~2.5 cm为侧颈点作为参考,按前、后中心点及肩颈点边顺势贴出光滑领围线。一般胸围84 cm的模型,颈围约38 cm(图1-18)。

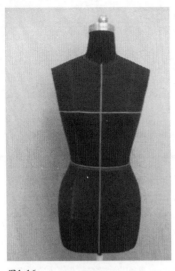
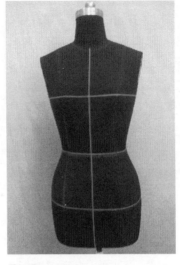
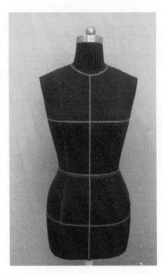

图1-16　　　　　　　　图1-17　　　　　　　　图1-18

● 肩线和侧缝线：侧颈点和肩端点相连接，贴出肩线（注意，贴标记线时侧颈点的位置略微偏后一点）。测量人台腰围尺寸，确认左、右侧的前后中心之间的尺寸相等，从肩端点向下通过臂根截面中点，再向下通过二等分点将侧缝线贴好（图1-19）。

● 袖窿线：又称为手臂根部围线。用标记线沿手臂根部环绕一周标记。注意，从前腋点到袖窿底的曲线稍弯些，后面应注意后背宽不宜过窄，从后腋点到袖窿底的曲线比前面直。原型袖窿底在胸围线上，得到袖窿部分的袖窿线（图1-20）。

● 前公主线：从肩宽中点，经过BP点，向下标出一条自然的线条。前公主线在胸点以下位置的确定，应考虑线条的自然、均衡美（图1-21）。

● 后公主线：从肩宽中点（与前公主线肩部中点重合），经过肩胛骨、腰部、臀部标示出基准线。腰围线以下要注意把臀部均衡感衬托出来（图1-22）。

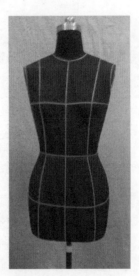
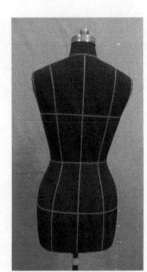

图1-19　　　　　　图1-20　　　　　　图1-21　　　　　　图1-22

2.人体模型的修正

人体模型是由标准化的尺寸制作而成，具有人体的共性，缺乏个性，缺少真实人体曲线的微妙变化。在实际运用中，要根据个人的体型特征和服装款式要求进行修正。修正时只能添加，具体方法是在人台上用棉或棉絮、成品垫肩等做成需要的形状来补正。

● 胸部修正：主要是为了表现出胸部的整体美。胸部修正的时候胸垫边缘要逐渐自然地变薄，避免出现接痕。东方人的胸部形状大都自然呈圆形隆起或呈椭圆形，修正时要尽量按此特性。胸部修正也可以用胸罩代替（图1-23）。

● 肩部修正：为了强调肩部的高耸，在制作大衣、西装或者风衣时，需对人体模型进行修正，修正时将垫肩直接贴在模型上即可。随着服装辅料市场的开发，厂家已经生产出圆形、球形等各种厚度的垫肩，设计者可根据肩部需要进行选择（图1-24）。

● 腰部修正：我们采用的是裸体模型，在制作大衣、外套等较长衣服时，为了减少模型的起伏量，将腰部用长布条缠绕到一定的厚度，让腰部的尺寸变大（图1-25）。

● 臀部修正：是指结合腰部形状，为了强调臀部隆起或者应款式需要而进行的修正。注意，修正时要保持衬垫与腰部和臀部的圆顺及自然的曲线美（图1-26）。

  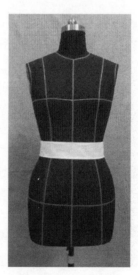 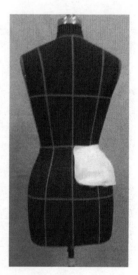

图1-23　　　　　　　图1-24　　　　　　　图1-25　　　　　　　图1-26

● 其他修正：人台模型为了更加适应不同的需要，还可根据要求做其他修正，如平肩修正、前肩修正、反身体修正、肩背部修正等。

3.大头针的用法

（1）如何正确使用大头针

大头针的正确使用是立体裁剪必须掌握的技巧之一。正确使用大头针，对于服装的定型及完成效果都起着良好的作用。若使用不当，会让完成的服装走样变形，影响服装效果。大头针的别法原则有：

①直线部分间隔稍宽，曲线部分间隔较密，有的地方用斜针固定。

②针尖不要露出白布太长，易划破手指。

③大头针挑布量不要太多，防止别合后不平服。

④别合时用大头针的尾部进行一进一出，固定后比较稳定。

（2）别合方法

● 固定用的针法：一根针用于布固定在人台上；两根针固定前中心等处，在同一空穴处用两根大头针斜向刺入固定，也称为交叉针法（图1-27、图1-28）。

图1-27

图1-28

图1-29

● 折叠针法：折叠针法又称为盖别固定法。将一块布料折叠后，重叠在另一块布料之上，再用大头针固定。一般肩缝、约克等在制作过程中必要的完成线都采用此类针法。这种固定法便于调整完成线的位置，也便于半成品试穿（图1-29、图1-30）。

● 抓合固定法：用于布与布之间的抓合。将两片布料抓合，在布料之间用大头针固定，大头针别合的线迹就是完成线的位置，线的移动也很方便（图1-31、图1-32）。

图1-30

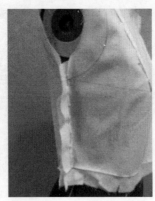
图1-31

图1-32

● 重叠固定法：将两块布不折叠，平摊着，对布的重叠处用大头针固定。固定时两块布结合处平服，大头针别合处也就是完成线（图1-33、图1-34）。

● 隐藏针法：针从一块布料的折痕处插入，并挑住另一块布，再回到第一块布的折痕处。这种方法能显示造型完成后的缝合效果，一般用于装袖（图1-35）。

图1-33

图1-34

图1-35

4.面料的修正与处理

(1) 布纹整理的必要性

立体裁剪的目的是得到好的样板,判断面料的丝缕,以正确的布纹线为基础,正确领会布纹,处理布的悬垂、厚度、蓬松、手感等都很重要。立体裁剪的时候要正确把握面料的物理性能,正确领会面料丝缕、构成轮廓、量感、合身性、总体平衡,加上对流行趋势的把握,才能制作出优秀的作品。

(2)面料的选择

因为立体裁剪要得到标准的版型,一般不用实际面料裁剪,使用最多的是全棉平纹梭织面料,这种面料布纹清晰,便于熨烫。在立体裁剪的时候尽量用与实际的缝制性质相近的布料,用料的厚薄也是根据实际面料的厚薄决定。一般厚的选用32支的纯棉白坯布,薄的可选用42支的纯棉白坯布。针织、丝绸服装可采用与之相符的面料。

(3)面料的整理

面料整理的目的就是要确定好布料丝缕的方向。一般布料在织造、染整的过程中,常常会出现布边过紧、轻度纬斜、布料拉延等现象,导致布料丝缕歪斜、错位,这样的布料制作的衣服就会不符合标准。如果采用了丝缕偏斜的布样,将此布样取下后覆盖在正式制作服装的布样上,新制成的服装会产生斜丝缕的现象,从而造成服装外形不易稳定。在布料使用前要检查布料的径向纬向,并作处理。在制作立体裁剪之前,先按尺寸在整块布料上用撕开的方法撕出所需面料,然后确定丝缕的方向是否正确。布样丝缕方向确定如下:由于布料在机织过程中,两头的丝缕会往上翘,为了保证布料的垂直平整,应在布料的两侧各撕去3 cm左右的布样,使布料没有布边。再把布料较短的一边斜向拉伸使之加长。如果效果还是不理想,可以用熨斗进行推拉、定型,直到丝缕顺直为止(图1-36、图1-37)。

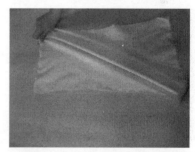
图1-36

图1-37

● 直接划线法:先将布料烫平,用笔直接在布料上画出基础线(图1-38)。

● 抽丝法：在布料所需基础线线迹的位置，用大头针挑一根经纱，从始端到末端完整地拉出一根纱线，经向拉出的方向代表布样经向，同样取得纬向的方向，再用熨斗将布料烫平（图1-39）。

● 挑针法：右手拿大头针，左手拽布，把针插入织线与织线之间，右手向后稍用力移动大头针，在布料上形成一条纵向印记，再用相同方法制作横向印记。制作好后用熨斗熨烫平整，做好标注即可（图1-40）。

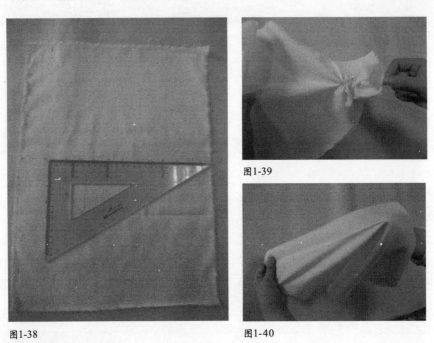

图1-39

图1-38

图1-40

5.手臂制作

布手臂是人台手臂的替代品，是立体裁剪中的重要工具，也是立体裁剪中的重要工序。制作好的手臂尽量与真人手臂相仿并能够自由装卸与抬起来。立体裁剪中一般只做右臂即可。

（1）手臂的制图

人体手臂的尺寸因人而异，所以采用平均值方法制图。立体裁剪中，为了方便袖口布片的缝合，手臂的长度比平均值要长，因此要对臂长尺寸加以调整，再进行裁剪（图1-41—图1-44）。

（2）手臂的裁剪

先用手撕布，估算出所需布料进行粗裁，将撕好的布整烫平直，画好肘线、袖山线等纵向或者横向线；再用较为醒目的有色线沿布的径向和纬向缝出袖片的肘线、袖山线等标示线；然后将手臂的净样板画在布上，放出毛版，进行裁剪。裁剪时要用45°斜丝布。

（3）手臂的缝制

①将大袖的内侧拔开，可用熨斗熨烫或者拉伸（图1-45）。

②将归拔好的袖片向里折叠约2 cm，若折印是一条平顺的弧线，说明达到了归拔的效果（图1-46）。

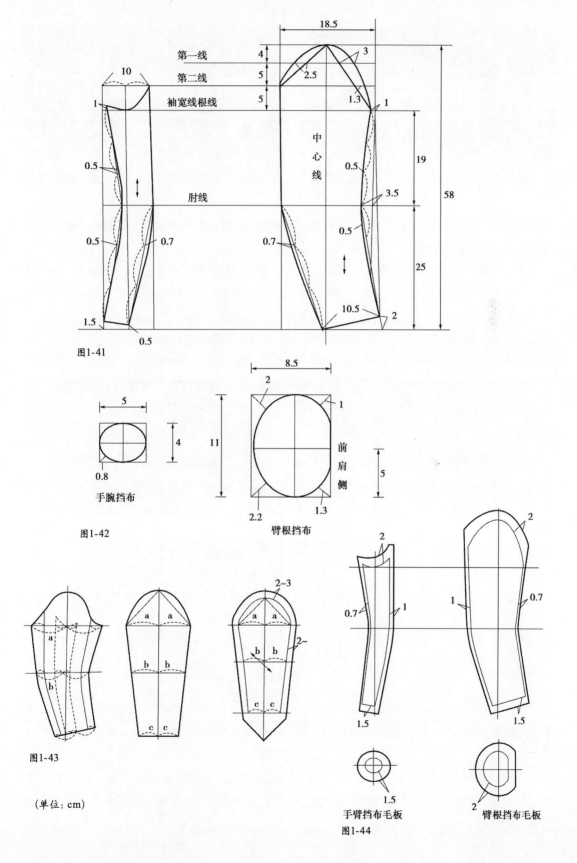

图1-41

第一线
第二线
袖宽线根线
肘线
中心线

18.5
4
5
5
3
2.5
1.3
1
1
10
0.5
0.5
0.5
0.7
0.7
0.5
3.5
0.5
19
25
58
1.5
0.5
10.5
2

图1-42

5
4
0.8
手腕挡布

8.5
11
2
1
前肩侧
5
2.2
1.3
臂根挡布

图1-43

2~3
a a
b b
2~
c c

a
a
b
b
c c

a a
b b
c c

（单位：cm）

图1-44

2
0.7
1
1
0.7
1
1.5
1.5
1.5
手臂挡布毛板
2
臂根挡布毛板

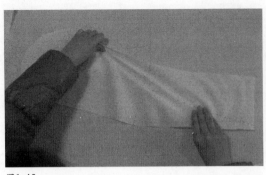

图1-45

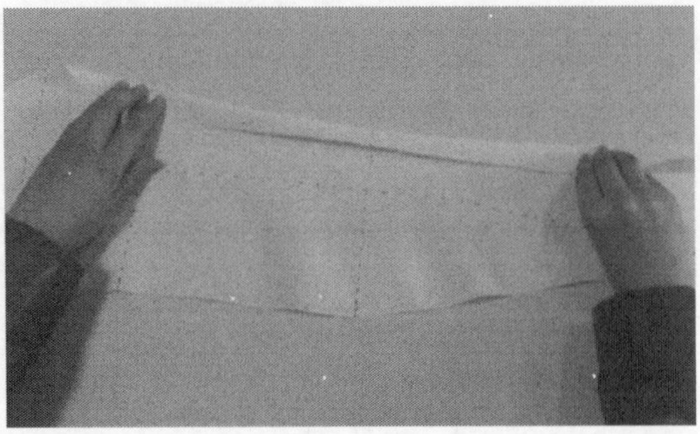

图1-46

③将大小袖的基础线对合，用大头针固定内侧缝头，再固定外侧缝头。缝制中要保证大袖中线与小袖下线垂直（图1-47）。

④手臂的填充棉可以是腈纶棉、棉花、膨松棉等。做一只手臂大约花160 g的棉花。一般线用包布裹着棉花做好手臂芯，根据手臂形状增添棉花的铺放量，将铺好的棉花卷成柱状（图1-48）。

⑤将布包紧，把两边固定。将包好的手臂芯调好与手臂的弯势相同（图1-49）。

⑥将缝合好的大小袖片，用双手将手臂布往身体方向拉（图1-50）。

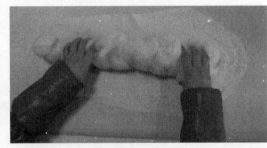

图1-47

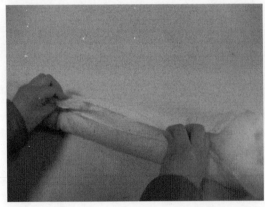
图1-48

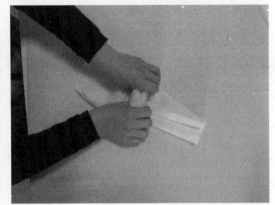

图1-49

图1-50

⑦将手臂装入手臂套筒中，插入时，由下向上慢慢抽拉，直到手臂芯完全进入手臂筒内。调整手臂形状，保证手臂的基准线的平直，保持手臂应有的弯势，将手腕部分的臂筒布全部向内折光（图1-51）。

⑧用硬纸板做出臂底板，用布包好，用手针缝缩好备用（图1-52）。

⑨缝合手臂上下臂底板，手腕的挡布中心对碗口中央垂直线，先用大头针固定，然后周围固定（图1-53、图1-54）。

⑩修整手臂顶部，做好手臂挡布（图1-55）。

⑪手臂在人台上的组装（图1-56）。

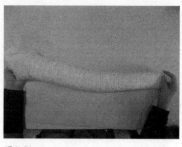

图1-51

想一想

1.为什么立体裁剪要将人台做标记线？

2.立体裁剪坯布怎样整理？

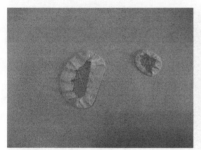

图1-52

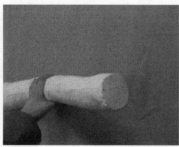

图1-53

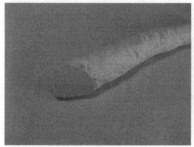

图1-54

图1-55

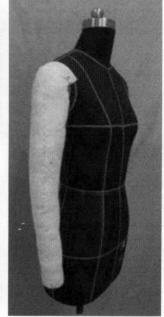

图1-56

练一练

1.标记人台基础线。

2.制作一只人体手臂模型。

学习评价

学习要点	我的评分	小组评分	教师评分
能进行人体模型标记线的制作（30分）			
会布手臂的制作（30分）			
能进行人台修正处理（20分）			
能正确运用立体裁剪手法，会对坯布做修正处理（20分）			
总　分			

知识链接

裙子的由来

远古时，人类的祖先把树叶或兽皮连在一起围在腰间，故称围裙，这实际上是最早的裙子。当时，在我国男女通用，《晋书》中就有"男女通长裙"的记载。相传4 000多年前，皇帝定了"上衣下裳"的制度，"裳"即裙子，春秋时，女子的裙子加长，开始区别于男子。唐代，男子渐渐穿起了长裤、袍，裙子才成为女子的专用服饰。

在唐朝以前，女子着装除了贴身内衣外，仍然是外裤和长短衫。由于唐代崇尚丰满的女性，因此皇帝在选宫妃彩女时，除了注重面貌的秀丽之外，体态身材则以胖为美，传说武则天就是以相貌和身材均佳，因而在唐太宗时期就被选进宫里做才人。

在武则天当政期间，虽然严刑峻法，但能够选贤用良，精心治国，国家慢慢强盛起来，她也越发心宽体胖起来。平时，她的各种活动虽然都能出车入辇，但还是免不了需要自己步行或散步。由于她的腿偏于肥胖，再穿上绫罗妃缎的裤子，走起路来很容易擦来擦去，蹭得裤子"哧哧"直响，这让旁人会不由自主地去寻觅出声的地方。这种事无法怪罪别人，她觉得很难堪，此时她感到了肥胖的累赘。武则天心里很烦，瞧着过于肥胖的双腿，实在看不下去了，干脆用一块缎子盖住，眼不见为净。这样一来，倒让她想着想着开窍了，于是拿了块缎子在镜子前上下左右比划起来，后来干脆用缎子前后一裹，把双腿全围起来了，试着走起路来，感到既飘逸潇洒又好看。她高兴极了，赶忙叫人加工制作，然后让宫女们穿上，走上一圈让自己看看，随后又亲自加以改进，下令给自己也做条合体的穿上，结果感觉非常轻松自如，心里很满意。

但是，穿上这样的新服装，该叫它什么名字呢？武则天左思右想，认为平时人们身上穿的各种衣服，都有个"衣"字偏旁，自己是一国之君，干脆给君字加个"衣"字旁，叫"裙子"好了，这也可以说明"裙子"是这样的女皇帝发明的。

从此以后，裙子开始由宫中传到了民间，社会上的妇女们也相继兴起了穿裙子这种方便的服装。

女装衣身胸省、褶造型及设计

[学习目标]　①能理解女装原型结构图的制作要点。

②能掌握省道转移原理，能制作各种省的立体造型。

③会肩部塔克、肋部抽褶、腰部抽褶等特殊造型。

④能进行样板修正，拓出样板并修正。

⑤为学生建立具体与抽象的概念，提高学生知识迁移、分析问题的能力。

[学习重点]　①通过省道转移的操作，掌握省道转移的原理。

②原型衣的制作。

③褶的变化。

[学习课时]　24课时。

一、原型衣的制作

原型衣是指覆盖人体躯干，且位于腰节线以上部分的造型，是构成服装造型的基本型，是服装样板设计的基础。本书衣身原型是适合成年女子体型样板制作的基础样板。熟练掌握原型衣的制作，为掌握成衣的立体裁剪奠定基础。

①坯布准备（前后一样）。长：腰节长+10 cm，宽：1/4胸围+10 cm。整理好丝缕，熨烫平直，根据人台上的相应位置，在坯布上画出前中心线、胸围线、腰围线。

②前衣身中心线和人台上的中心线对齐，胸围线水平对齐用大头针交叉固定，注意胸部乳沟处不要固定，否则布会塌陷，造成长度不足（图2-1）。

③在胸部做出松量（图2-2）。

④将布翻过来在前中心线处剪口，沿着领围线剪掉多余的布，边剪边打剪口，在颈侧点、颈肩点处用交叉针固定（图2-3）。

⑤胸围线对齐固定，抚平肩部固定，用抓合法别出袖窿省，捏出省道（图2-4）。

⑥从腋下与胸围线的交点向下垂直地面，靠近腰围线留出1~5 cm固定，胸部下方形成的余量分散，用假缝针法固定。用抓合针法固定出腰省（图2-5）。

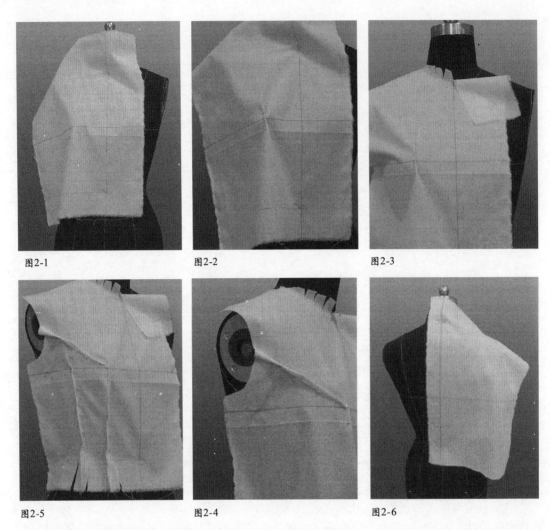

图2-1　　　　图2-2　　　　图2-3

图2-5　　　　图2-4　　　　图2-6

⑦后衣身的颈椎点中心线与人台对齐，肩胛骨的标准线水平对齐，用大头针固定，后中心线倾斜为省道量。在后背宽侧的地方加入松量（图2-6、图2-7）。

⑧在颈椎点上打上刀口，剪去领围多余的布料，不平整处打剪口，在肩缝上的余量作为肩省捏出，确定好省道的方向，用抓合法固定（图2-8）。

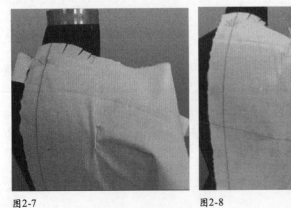
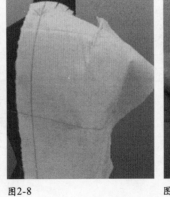

图2-7　　　　图2-8　　　　图2-9

⑨剪去肩部和袖窿多余的布料，前后肩缝用抓合法固定，在肩端处加入一个手指的松量（图2-9）。

⑩确定后片的腰省量、位置、省尖方向等，用抓合针法固定。侧缝自然地贴合人台，确定腰部松量，将前后侧缝用抓合针法固定（图2-10、图2-11）。

图2-10 图2-11

⑪墨刻。将各部位线迹描出，要合理、协调（图2-12）。

⑫琢形。将原型衣片的描点处有效连接，画出标记号的线，整理缝份，画出袖窿形状，注意前袖窿大于后袖窿，最后修剪（图2-13、图2-14）。

⑬组装（背面如图2-15，正面如图2-16，侧面如图2-17）。

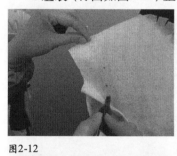 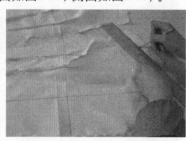 

图2-12 图2-13 图2-14

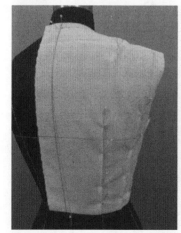 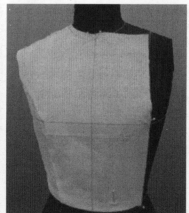 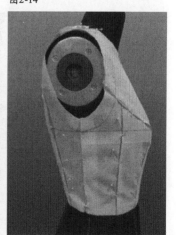

图2-15 图2-16 图2-17

二、省道变化

要想把衣服做到合体化，主要是把省道处理好，根据衣身的设计，把省道移到需要的地方，做到既美观又实用的效果。

1.领省

①衣身前中心线与人台中心线对齐，垂直于地面，坯布的胸围线和人台的胸围线对齐，在BP点给少量松量固定，再在侧缝固定的同时将余量赶至颈侧点和前领围中心点处（图2-18）。

②将坯布垂直于地面在腰围线上固定。修剪领口，打剪口。同时修剪腰围线，打剪口，捏出省道，指向BP点，用抓合针法固定（图2-19）。

③琢形（图2-20）。

④组装（图2-21）。

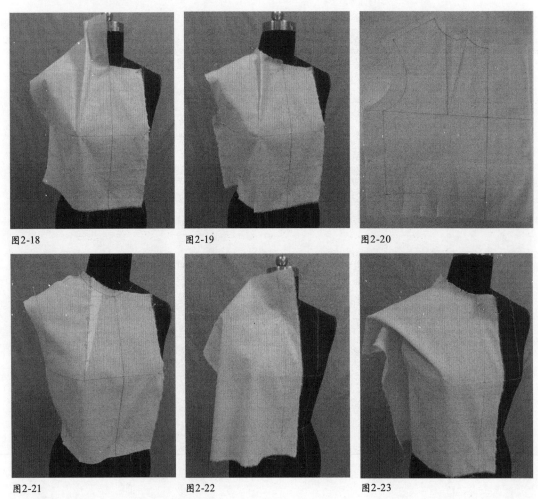

图2-18   图2-19   图2-20

图2-21   图2-22   图2-23

2.袖窿省

①对齐前中心线、腰围线（图2-22）。

②捏出省道，用抓合针法固定，修剪袖窿、领圈、肩等处多余布料（图2-23）。

③琢形（图2-24）。

④组装（图2-25）。

3.腰省

①将领窝处用交叉针法固定于前中心线上，同时固定腰围线，在BP点上加入松量，然后在腋下对齐胸围线用交叉针法固定（图2-26）。

②修剪前领窝，打剪口，固定颈侧点，固定肩端点，将余量放至袖窿处（图2-27）。

③将腋下胸围线和腰围线处的固定针取掉，将袖窿处的省量放下来。顺势垂直于地面将侧缝抚平固定到腰围线上，打好腰围线下方缝份的剪口。在距离BP点3 cm的地方找好省尖，将腰省量用抓合法固定（图2-28）。

④琢形（图2-29）。

⑤组装（图2-30）。

4.肩省

①将前中心线对齐人台，将领窝和腰节处用交叉针固定，BP点处给松量，再在腋下侧缝点处交叉固定，修剪好领口（图2-31）。

②将胸围线上形成的余量在肩线的中点处捏省，对准BP点，用抓合针法固定。保证前胸宽处的松量，确认省的大小、位置、方向，剪去肩部、袖窿处多余布料。侧缝顺势朝下抚平，用交叉针法固定，腰部缝份打好剪口。将前片肩部和侧缝的布料分别向下和向前掀起，临时用针固定，为做后片的肩省做好准备（图2-32）。

③根据人台尺寸做好长10 cm、

图2-24

图2-25

图2-26

图2-27

图2-28

图2-29

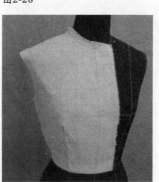

图2-30

宽10 cm的坯布一块，做好后中心线、领围线、肩胛骨标准线、胸围线和腰围线（图2-33）。

④后衣片的中心线对准人台上的中心线，在后领窝点固定，颈侧点固定，修剪领口。肩胛骨处的水平线保证水平，且稍留松量（图2-34）。

⑤将肩胛骨上面多余的量推至肩线中点，确定省的方向，用抓合针法别合肩省（图2-35）。

⑥从肩胛骨位置开始，将布与人台贴合，轻轻往下抚平，后中心线形成了倾斜量，后腰处的移动量就是后中心省量。将侧缝线抚平固定，顺势向下在腰围线上固定。剪去肩部与袖窿的余量。

图2-31

肩端点处放一手指松量，将前片和后片用折叠针法固定，注意前后肩省要对齐。将前后片在侧缝处用抓合针法固定，要加入松量，腰部打剪口（图2-36）。

⑦琢形（图2-37）。

⑧组装（正面如图2-38，侧面如图2-39，背面如图2-40）。

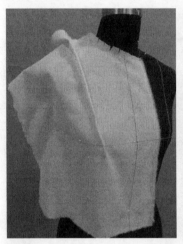

图2-32

图2-33

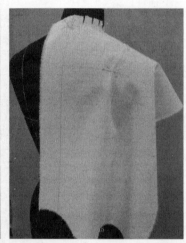

图2-34

图2-35

图2-36

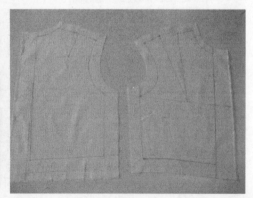

图2-37

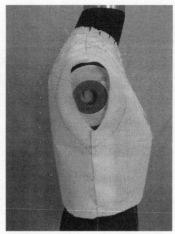
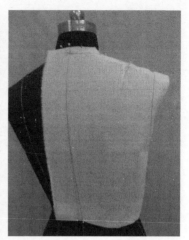

图2-38　　　　　　　　　图2-39　　　　　　　　　图2-40

5.侧缝省

①BP点左右用大头针固定给定松量,同肩省前部分的制作一样,临时固定胸围线,固定颈侧点(图2-41)。

②固定肩端点,固定好腰围线上的前侧缝点,再将袖窿处的量轻轻放下到腋下合适位置(图2-42)。

③描出各点,检查(图2-43)。

④琢形(图2-44)。

⑤组装(图2-45)。

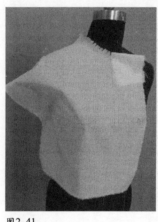

图2-41　　　　　　　　　图2-42

图2-43　　　　　　　　　图2-44　　　　　　　　　图2-45

6.中心省

①将衣片中心线与人台中心线对齐,胸围线对齐,固定BP点。将胸围线以上丝缕抚平,不起皱,用针固定,修剪领口,固定肩端点。将布轻轻放下,将下面的布从下往上赶到前中心,腰部缝份打剪口(图2-46)。

②捏住前中心线的余量,在前中心线捏出省道,省尖指向BP点。沿着人台贴出前中心线。修剪袖窿、肩线等(图2-47)。

③琢形(图2-48)。

④组装(图2-49)。

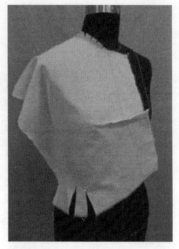

图2-46

图2-47

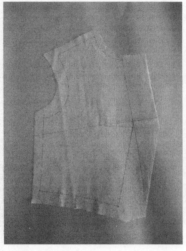

图2-48

图2-49

三、褶的变化

1.肩部塔克

①将布覆盖在人台上,前中心线、胸围线对准人台上的标记线并固定,修剪好领口(图2-50)。

②将侧边的布由下往上抚平,同时要兼顾侧部和前胸宽的松量,打好腰部缝份的剪口,将胸围线上部形成的余量转移到肩部(图2-51)。

③将肩部的余量大约分成两等份,分配给两个塔克,塔克的方向指向BP点(图2-52)。

④修剪各部的余量,描点(图2-53)。

⑤琢形(图2-54)。

⑥组装(图2-55)。

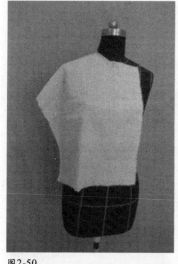

图2-50

图2-51

图2-52

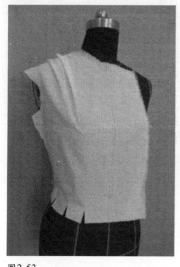

图2-53

图2-54

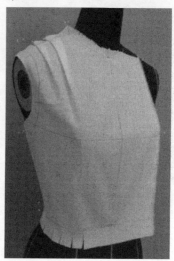

图2-55

2.肋部抽褶

①对齐前中线、胸围线和领围线并固定，修剪好领口，肩端点固定，抚平坯布，将余量赶到袖窿（图2-56）。

②修剪好腰部多余缝份，固定好腰围线，在需要抽褶的地方贴好标记线（图2-57）。

③修剪肩线、袖窿，在要抽褶的地方留出1 cm的量再剪开。注意剪开的末端与BP点的距离位置要适当（图2-58）。

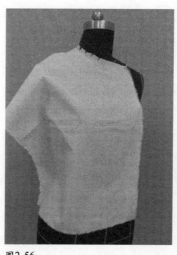

图2-56

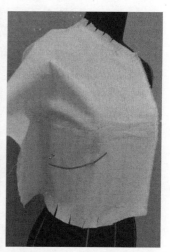

图2-57

④将腋下固定的针取掉，把袖窿上多余的量放下，修剪侧缝余量（图2-59）。

⑤将余量轻轻围绕胸部做好褶裥，突出胸部造型，固定好侧缝线（图2-60）。

⑥琢形（图2-61）。

⑦组装（图2-62）。

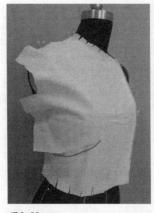

图2-58　　　　　　　　　　图2-59

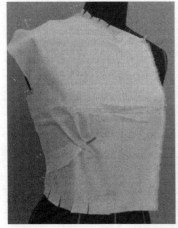

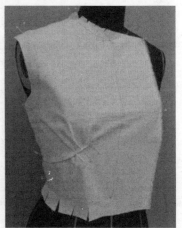

图2-60　　　　　　图2-61　　　　　　　　　图2-62

3.腰部抽褶

①同前所述，做好固定，修剪好领口（图2-63）。

②在需要做褶的地方贴出标记线（图2-64）。

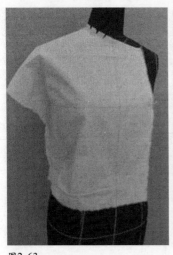
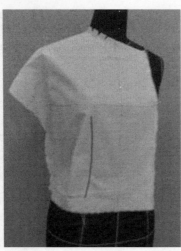
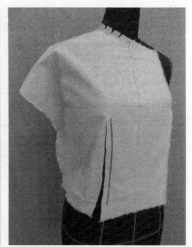

图2-63　　　　　　　图2-64　　　　　　　　图2-65

③在贴好标记线的地方放出1 cm的量，剪开需要抽褶的部位，注意剪开的省尖离BP点的位置要合适（图2-65）。

④将袖窿的余量放下来，在标记线的位置做好抽褶并固定，贴好底边和侧缝的标记（图2-66）。

⑤修剪好各处的缝份，描出各处线迹和点位（图2-67）。

⑥琢形（图2-68）。

⑦组装（图2-69）。

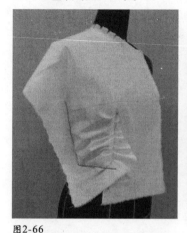

图2-66

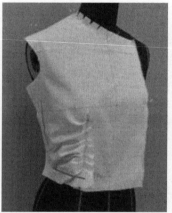

图2-67

图2-68

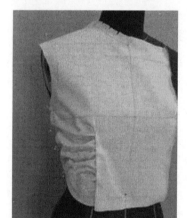

图2-69

想一想

1.人台制作的原型衣与平面制图原型的区别与联系是什么？

2.为什么要制作省道？

练一练

1. 制作一件原型衣。

2. 设计各种褶、省的造型。

学习评价

学习要点	我的评分	小组评分	教师评分
原型衣的制作（30分）			
灵活处理省道的变化（30分）			
设计不同褶的变化（20分）			
会基本省道、褶的变化（20分）			
总　分			

垫 肩

1.垫肩的民间传说

在中国，垫肩的来历有个传说故事。传说汉元帝时，南北交战，边界很不安宁。汉元帝竟宁元年（公元前33年），匈奴呼韩邪单于入朝和亲，王昭君自请嫁匈奴，同匈奴王单于成亲，以使两国长期和好。王昭君不但漂亮，还是一个多才多艺的女子。出塞前，王昭君自然要打扮一番。她从镜子里看出自己长相很美，但还是美中不足。自己生就的溜肩膀，不太雅观，怕到了匈奴那里被人耻笑，便对宫女说："你们看看我的肩膀，咋的总挺不起来？"宫女说："是这衣服挺不起来，只怪做衣服的手艺不高，做的不好，还是另做合身的穿上。" 昭君说："今日就要出塞，来不及了。"停了一会又说："我看做衣服的工匠手艺并不错，只怪我这肩膀。你们取些布，让我做个垫子，缝在衣里，不就行了？" 宫女们急忙拿来针线和棉布，王昭君便动手做了个垫肩，衬到衣服里子的肩膀上。穿起来，试了又试，又对着镜子一照，两肩平行，衣服的楞角也挺起来，显得更美了。昭君便穿着这带垫肩的衣服，去匈奴了。

2.垫肩的作用

在服装行业里，垫肩又称肩垫，是衬在服装肩部呈半圆形或椭圆形的衬垫物，是塑造肩部造型的重要辅料。垫肩的作用是使人的肩部保持水平状态。当人们仔细观察人体肩部时会发现大多数的人肩是有斜度的，服装加入垫肩能使肩部浑厚、饱满，提高或延长肩线线条，使穿着者的肩部平整、挺括和美观。通常稍正式的衣服都有垫肩，如果是休闲的，可以不用垫肩；如果是平肩，可以不用垫肩；如果是溜肩，还是保留垫肩好；如果怕穿出去很板，里面可以搭配酷点的衣服，比如军装式的上衣与裤子，或者穿很个性的小版T恤配紧腿裤。目前，垫肩的种类很多，材料、性能各异，应用时应合理选择，并注意装缝工艺，有效发挥垫肩的作用。

3.垫肩的装缝

垫肩装缝在有里服装和无里服装上有不同的处理方法，半成品垫肩都是在有里的服装上采用的；而对于无里服装的垫肩，一般先用斜裁的同色里布将其包覆缝合而成，能有效地保护垫肩的材料，并能长久使用。如是轻薄柔软的面料，也可以采用同种面料包覆缝合。垫肩要装在服装肩部合适的位置，一来可以增强服装的外观造型，二来要使穿着者感觉舒适。垫肩的装缝工艺基本上有两种：固定式和活络式。固定式是使用缝迹将垫肩永久性地缝在服装的肩部，不可任意取下，线迹要求密度适中，不松不紧。可以从服装上随意取下的垫肩，称为活络式垫肩。活络式垫肩靠魔术贴、撤钮或无形链等系结物装缝于服装的肩部。这类垫肩要用面料或与面料同色的材料包覆，可以提高服装的质量和档次。这种装缝工艺的垫肩，常用于衬衫、针织服装或经常洗涤的服装上，方便拆卸使用。

学习任务三
袖的造型

[学习目标] ①能制作一片袖、两片袖等基础袖型。
②会制作泡泡袖、褶裥袖等具有流行代表性袖型。
③能对原型袖进行立体造型,能运用立体造型手法较熟练地组装。
④提高学生综合运用的能力,培养学生的创造力。

[学习重点] ①基础袖的立体裁剪方法。
②时尚袖的制作方法。
③会设计不同的袖形款式。

[学习课时] 16课时。

袖是衣服包裹上肢的部分,而手臂的运动牵扯会影响袖子,同样,袖子是否美观、舒适也与手臂有很大的关系。如果袖子下垂时无皱褶,袖子会很美观,但没有运动的功能性;同样,太宽松了又没有美感,因此袖子的研究非常重要。在本学习任务中,主要讲述几款常见袖子的制作。

一、基础袖的制作

1.直接法

(1) 一片袖

用原型法制出一片袖的结构图,再放缝用珠针假缝,在人台上底部三针定位,袖子上部分固定即可(图3-1—图3-3)。

(2) 两片袖

同一片袖直接制图法,将两片袖的结构图画好,放好缝份,再用珠针假缝,最后在人台上直接组装(图3-4—图3-7)。

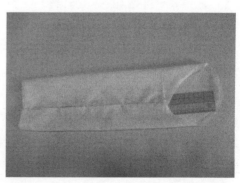

图3-1

图3-2

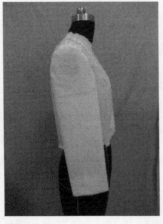

图3-3

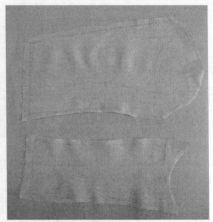

图3-4

图3-5

图3-7

图3-6

2.原装一片袖（立体裁剪法）

①先将制作的人体手臂内侧朝下，取布，长：袖长+10 cm，宽：臂根围+10 cm。将布按前面所述方法整理，保证纵横丝缕顺直，在布料上标明袖中线、袖肘线、袖肥线，覆盖在手臂上观察松量（图3-8）。

②根据手臂大小，将手臂和布料放平后粗裁（图3-9、图3-10）。

③在袖山处加适当的余量，剪去多余的部分，理顺后修片，整理好袖肘省，袖口留足余量，后片的余量比前片多（图3-11）。

④对合好袖底，检查整个袖子是否美观，合理调整（图3-12）。

⑤调整好袖子的版型（图3-13）。

⑥将袖子别合、对位（图3-14）。

> **！友情提示**
>
> 注意袖后面的松量，裁量要符合手臂向前运动的功能。

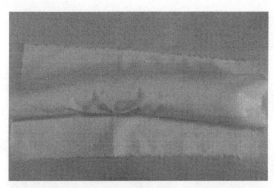

图3-8

图3-9

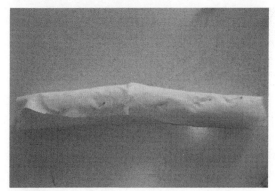

图3-10

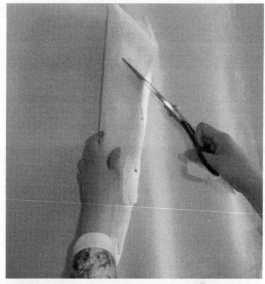

图3-11

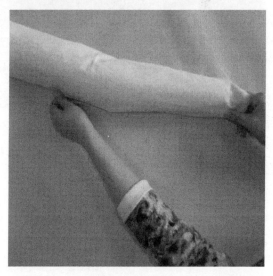

图3-12

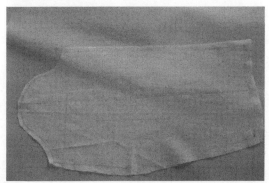

图3-13

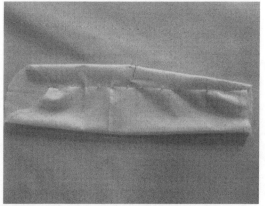

图3-14

⑦用三点别合法别合好袖底。先将袖侧缝对齐袖窿底线，竖着别大头针，然后围着袖窿别合一圈，可以用藏针法（图3-15）。

⑧组装（图3-16）。

友情提示

别合时要给出吃水量。别合到袖山时，比较袖窿与袖山的弧线长短及美观度，剪掉余量，装出袖子。

  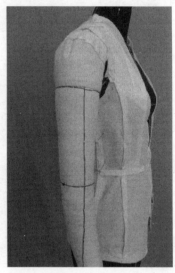

图3-15   图3-16   图3-17

二、时尚袖的制作（立裁法）

1.灯笼袖

①先确定好袖窿的位置，取袖长袖肥各两倍的布料一块（图3-17）。

②将布料直丝缕对齐侧缝线，沿着袖窿线固定大头针至前袖窿三分之一处（图3-18）。

③将布料反向围下来，观察布料余量是否足够（图3-19）。

④取下手臂，将另一头布料对齐后袖窿弧线，并固定好大头针（图3-20）。

⑤将手臂装上人台，并固定调整好（图3-21）。

⑥将布料把手臂包裹住，检查布料是否满足袖子制作的需要，并及时调整（图3-22）。

⑦在袖山部位用纱造出高、丰满的灯笼袖袖型（图3-23）。

⑧将袖山部分多余的量做成活折或碎折，注意量的均匀与合适度（图3-24）。

⑨加好袖克夫，完成组装（图3-25、图3-26）。

友情提示

前后袖窿一定要平整，修剪掉多余的布料。

2.褶裥袖

褶裥袖的衣袖廓型上宽下窄，袖山丰满膨起，肘下褶裥收紧，有一排装扣。

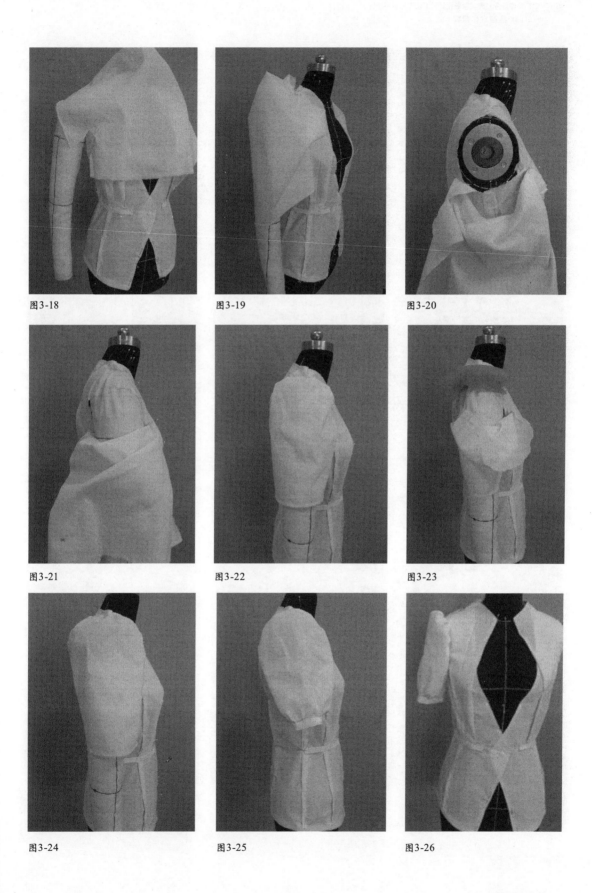

图3-18

图3-19

图3-20

图3-21

图3-22

图3-23

图3-24

图3-25

图3-26

①准备长约65 cm、宽约50 cm的袖布一块，整理好布纹线，粗裁袖子轮廓（图3-27）。

②为了使袖山隆起，在袖山顶部用纱或者坯布帮助做袖子的造型（图3-28）。

③将布先覆盖在手臂上，将画好袖中线、袖肥线、袖肘线的袖片布料对齐手臂袖中线固定（图3-29）。

④在袖山顶部制作出六个褶裥，均匀美观地制作调整好（图3-30、图3-31）。

⑤将肘部褶裥别合，在满足手臂活动量的前提下尽量收紧。上下形成反差，标好扣位。袖口的位置可做成尖角形状（图3-32）。

⑥琢形（图3-33）。

⑦组装（图3-34、图3-35）。

? **想一想**

1.袖山弧线的吃势如何处理？
2.如何装袖更加美观？

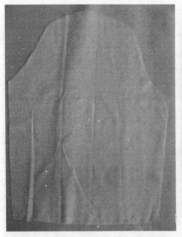

图3-27

图3-28

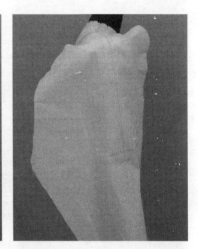

图3-29

图3-30

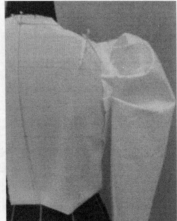

图3-31

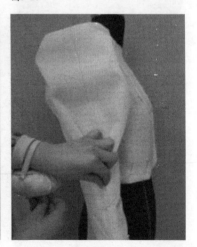

图3-32

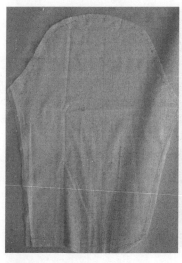
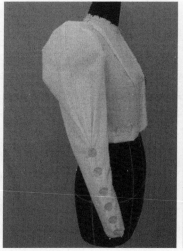
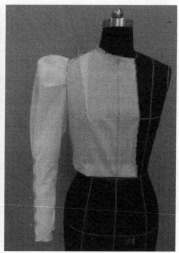

图3-33　　　　　　　　　　　图3-34　　　　　　　　　　图3-35

练一练

1.制作基础袖各一个。

2.根据所学知识，自由设计两款袖子。

学习评价

学习要点	我的评分	小组评分	教师评分
能够用直接法制作出一片袖、两片袖（40分）			
能够用立体裁剪法制作出原装一片袖（30分）			
会设计制作出时尚袖（30分）			
总　分			

知识链接

婚纱的由来

1.婚纱的由来一

婚礼虽是世界各国自古以来就存在的仪式，但新娘在婚礼上穿婚纱的历史却不到200年。婚纱礼服的雏形应该上朔到公元前1700—公元前1550年古希腊米诺三代王朝贵族妇女所穿的前胸袒露，袖到肘部，胸、腰部位由线绳系在乳房以下，下身着钟形衣裙，整体紧身合体的服装。现在新娘所穿的下摆拖地的白纱礼服，原是天主教徒的典礼服。由于古代欧洲一些国家是政教合一的国体，人们结婚必须到教堂接受神父或牧师的祈祷与祝福，这样才能算正式的合法婚姻，所以，新娘穿上白色的典礼服向神表示真诚与纯洁。西方19世纪以前，少女们出嫁时所穿的新娘礼服没有统一颜色规格，直到1820年前后，白色才逐渐成为婚礼上广为人用的礼服颜色。这是因为英国的维多利亚女王在婚礼上穿了一身洁白雅致的婚纱。从此，白色婚纱便成为一种正式的结婚礼服。如今，有的人不懂婚纱的来历，自己别出心裁，把新娘的婚纱做成粉红或浅蓝的颜色，以示艳丽。其实，按西方的风俗，只有再婚妇女，婚纱才可以用粉红或湖蓝等颜色，以示与初婚区别。

2.婚纱由来二

16世纪的欧洲爱尔兰皇室酷爱打猎，在一个盛夏午后，皇室贵族们骑着马和成群的猎兔犬在爱尔兰北部的小镇打猎，巧遇在河边洗衣的萝丝小姐，当时的理查伯爵顿时一见钟情，被萝丝小姐的纯情和优雅气质深深吸引，同时萝丝小姐也对英俊挺拔的理查伯爵产生了深深的爱慕之意。狩猎返回宫廷的伯爵彻夜难眠，并在当时封建社会所不能接受的情况下，鼓起勇气提出了对出生于农村的萝丝求婚迎娶的念头！皇室一片哗然，并以坚决捍卫皇室血统为理由而反对。伯爵坚持，为了让伯爵死心，皇室提出了一个当时几乎不可能实现的要求，希望萝丝小姐能在一夜之间缝制一件白色圣袍（当时没有穿白纱嫁娶的习惯），并要求长度符合从爱尔兰皇室专署教堂的证婚台前至教堂大门的距离。要求提出后，理查伯爵心想心仪的婚事几乎已成幻灭……但当时的萝丝小姐却不以为然，居然和整个小镇的居民们彻夜未眠，共同合作，在天亮前缝制出了一件精致且设计线条极为简约又不失皇家华丽气息的16 m白色圣袍。当这件白色圣袍于次日送至爱尔兰皇室时，皇家成员无疑不深受其感动，并被其极高情感的设计理念所打动，在爱尔兰国王及皇后的允诺下，他们完成了童话般的神圣婚礼……这就是全世界第一件婚纱的由来。

学习任务四
领的立体造型

[学习目标] ①能完成立领、翻领等基础领型造型。
②能运用立体造型手法制作驳领。
③能根据领型款式图、结构图较准确地进行立体造型。
④能运用立体造型手法较准确地把领组装在衣身上。
⑤培养学生的实践能力。

[学习重点] ①基础领的制作方法。
②立领的制作方法。
③翻领的制作方法。

[学习课时] 20课时。

　　领起到服装装饰作用，主要分为无领、立领、翻领、驳领等。其中，领的制作难易不均，变化多样，并且直观，既可以丰富服饰造型，又可以随时开拓设计者灵感。衣领的设计，一直是设计师们不懈的追求。

一、无领

　　无领的立体造型就是在衣片上根据款式，自由地标出所需要的领型。

二、立领

　　①以基础领窝为准，取布料，长：领围的一半+5 cm，宽：领宽+6 cm。画好领底辅助线、领中线，注意要留足余量（图4-1）。
　　②将熨烫好的布料标上后中心线和领底线的位置，将布料对齐后中心线，领底和领高处分别固定（图4-2）。
　　③沿着领底线用大头针顺领底别针，别到前面时根据需求调整（图4-3、图4-4）。
　　④用胶条贴出需要的领外轮廓（图4-5）。
　　⑤拓样、装领（图4-6—图4-9）。

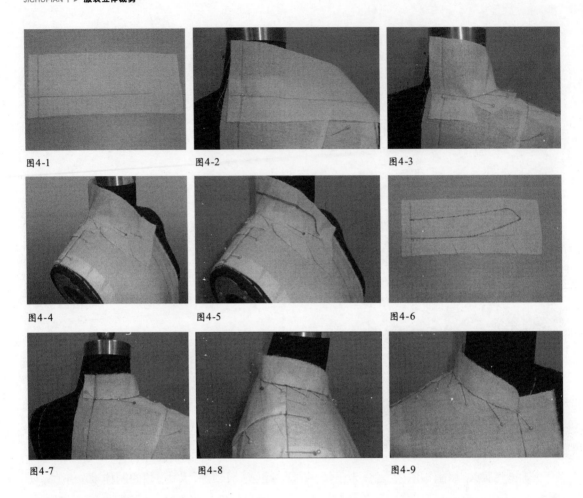

图4-1　　　　　　　图4-2　　　　　　　图4-3

图4-4　　　　　　　图4-5　　　　　　　图4-6

图4-7　　　　　　　图4-8　　　　　　　图4-9

三、翻领

1.小圆领

①取布料，长：1/2领围+10 cm，宽：翻领量+底领量+10 cm。根据需要，在领窝处标记出实际需要的领圈弧线，在坯布上标记出后中心线和领围线，将布料对准后中心线固定（图4-10）。

②用珠针顺着新领圈弧线别合至前领窝点，将缝份向外侧翻折，确定翻领宽和领座高（图4-11—图4-13）。

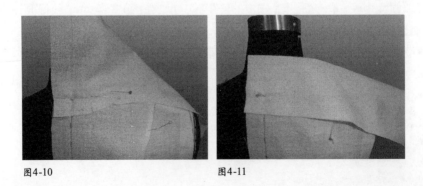

图4-10　　　　　　　图4-11

图4-12　　　　　　　　　图4-13　　　　　　　　　图4-14

③在翻领上面贴出外轮廓线标记线（图4-14）。

④取下坯布连顺线条，放出缝份，拓出纸样（图4-15）。

⑤将取下的基础领样组装（图4-16—图4-18）。

友情提示

　　要求领片离颈部有一指宽的距离，保证脖子的舒适度。

2.坦领

坦领也称为海军领或者圆盘领，其领座低，衣领完全覆盖在肩上的宽大领，前领口为V字形。

①坯布准备。取布料，1/2领围+15~20 cm。

②确定好前后领围线，在肩颈点时向外放0~5 cm，开襟不要在胸线以下，否则就要加胸挡布（图4-19）。

③领布中心线与衣身中心线重合，固定大头针，粗裁剪去多余的布料（图4-20、图4-21）。

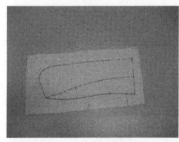

图4-15　　　　　　　　　图4-16　　　　　　　　　图4-17

图4-18　　　　　　图4-19　　　　　　图4-20　　　　　　图4-21

④将布从后面披挂到前面，观察领座形状，确定好后与领底线别合（图4-22、图-4-23）。

⑤裁去装领处多余的布，调整外形，贴出轮廓线（图4-24、图4-25）。

⑥拓版（图4-26）。

⑦整理组装好的海军领（图4-27、图4-28）。

图4-22

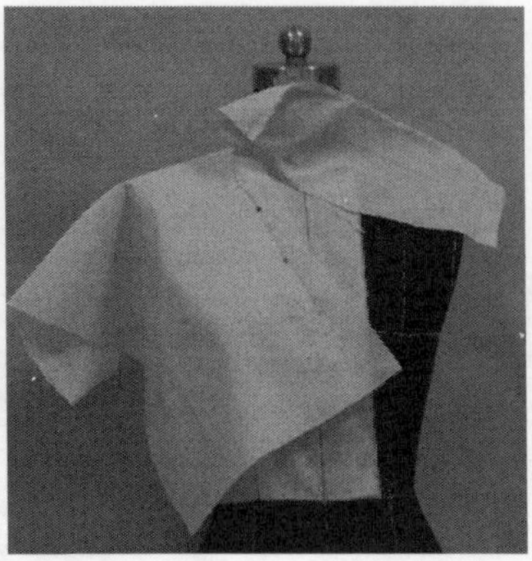

图4-23

图4-24

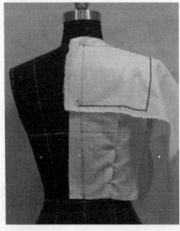

图4-25

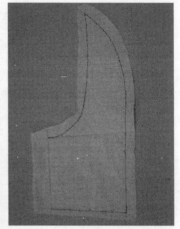

图4-26

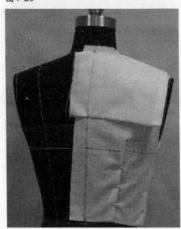

图4-27

图4-28

3.驳领

驳领是由领座与翻折部分及驳头共同组成，变化丰富，用途广泛，结构复杂，具有多种领型的综合特点，驳领是学习的难点。

①坯布准备。长：1/2领围+10 cm，宽：底领尺寸+翻领尺寸+10 cm。

②贴标记线。先确定好领子的驳折止点，再距前中心线贴好叠门线，从后中心领座高到止

口点连顺翻折线贴好,再沿着前领圈弧线贴顺(图4-29)。

③将已经准备好的原型衣穿在人台上(图4-30)。

④从布边缘到止口线翻折止点位置处剪口,与人台上的翻折线的标志线对准后翻折(图4-31)。

⑤后衣片中心线和衣片的中心线对齐,将衣领的标志线和后领圈弧线对齐,并用大头针固定,边转动布边边在缝份上剪口,直到颈侧点为止(图4-32)。

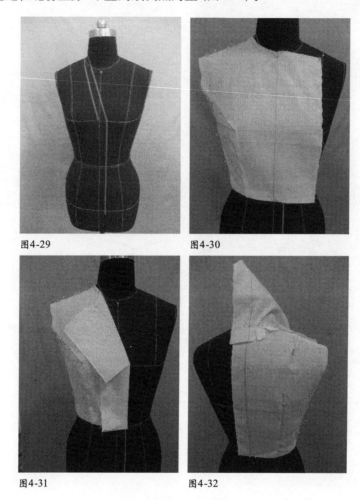

图4-29　　　　　　　　　　图4-30

图4-31　　　　　　　　　　图4-32

⑥在后中心处确定领座高和翻领宽,用大头针水平固定,并将衣领布向前转动,使领子的翻折线与驳头的驳折线连顺,脖子周围要留有一个指头缝隙的松量(图4-33、图4-34)。

⑦用胶带贴出驳领的造型(图4-35)。

⑧将标志线画顺连接(图4-36、图4-37)。

⑨将前、后领圈线标好记号(图4-38、图4-39)。

⑩领片修剪(图4-40)。

⑪组装。

制作好驳领后,再次确认脖子之间的松量,领子翻折线和驳头驳折线是否顺直,串口线及领缺嘴是否平衡(图4-41、图4-42)。

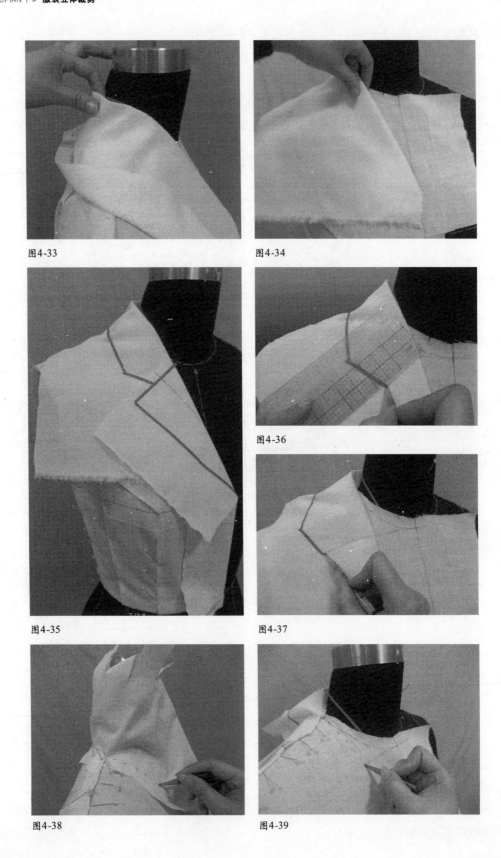

图4-33

图4-34

图4-35

图4-36

图4-37

图4-38

图4-39

图4-40

图4-41

图4-42

想一想

1.领子在立体裁剪制作中如何避免爬领现象？

2.粗裁领子时坯布如何取料？

3.请思考领子立体裁剪时前倾、后倾等现象的制作原理。

练一练

1.练习驳领的立体裁剪。

2.设计制作一款翻领。

学习评价

学习要点	我的评分	小组评分	教师评分
能进行基本立领、翻领的造型（30分）			
能够设计制作出新颖的领的造型（30分）			
能根据领型款式图、结构图准确进行立体造型（40分）			
总　分			

燕尾服的由来

　　燕尾服起源于英国。在18世纪初，英国骑兵骑马时因长衣不便，而将其前下摆向后卷起，并把它别住，露出其花色的衬里，没想到这样却显得十分美观大方。于是，许多其他兵种相继效仿。18世纪中叶，官吏和平民纷纷穿起剪短前摆的服装作为一种时尚，于是燕尾服就产生了，并且很快地遍及了全英国。到了18世纪晚期，燕尾服已经在欧美大部分国家风靡起来了。

　　随着时间的推移，燕尾服发展成两种样式，其一为英式，其二为法式。英式主要为高翻领，且是对称的三角形，扣上扣时为对襟形状。它一般与白色的短外裤一同穿，如是穿紧身裤，就应以黑皮靴相配。法式的主要特点是带有较长的前摆，若与黑色的绒短裤相配，会显得英俊潇洒。

　　后来，燕尾服成为某种高雅的象征。特别是19世纪中期，燕尾服已不再是原来的对襟了，而是时兴单排扣和不剪下摆的样式，也可不必再与靴子相配。在当时，许多典礼或隆重场合都可见到燕尾服的身影，尤其黑色成为众多欧洲男子的宠儿。

　　时装在不断发展，渐渐地，燕尾服似乎即将退出流行的舞台。但制式燕尾服又给了人们一次机会，这时的燕尾服已不再是以前那样的单调。举个例子来说，教育部门的官员穿的是蓝黑色天鹅绒领子的深兰色燕尾服；饭店的工作人员穿着素黑色的燕尾服，而且有黑色蝴蝶结作为配物；上层人士、富人及其仆人则穿相应有金银边的燕尾服。

　　直到今天，我们仍然可以通过电视在国外一些重大盛典、会议上看到穿燕尾服的人，在音乐会上也可见到穿燕尾服的指挥家。虽然当今的燕尾服有些改变，如领子、袖口等，但总体的改变不大。见到它，让人有一种肃然起敬的感觉，这也正是燕尾服带给我们的魅力所在。

实 践 篇

SHIJIANPIAN 》》》

[综　　述]

实践篇是在基础篇学习的基础上进行的提升训练篇章，由零部件向整体组装的整合，进行服装的纵向、横向分割学习。同时学习衬衫、马甲、各种裙装的制作。本篇章主要学会各种服装整体部件的立体裁剪和组装，学会各式服装款式的变化原理，学会运用已学知识变化款式操作。通过整件实践操作，学习者达到能够根据款式图并结合自己的欣赏高度，制作出符合要求的作品。

[培养目标]

①学习者会纵向、横向分割的立体裁剪操作。
②学习者会制作马甲、衬衣、裙装的立体裁剪制作。
③提高学习者的审美情操。

[学习手段]

多媒体展示、实践操作、小组合作、量化评价。

>>>>>> # 学习任务五
服装分割变化

[学习目标] ①能分析女式上衣结构特点,会灵活运用分割。

②能运用立体造型手法制作女式衬衣、马甲、春秋装,能修正并拓出纸样。

③能根据上衣款式图、结构图运用正确的手法进行立体造型。

④能运用立体造型手法完整地组装整件上衣,并能对立体造型进行调整。

⑤提高综合分析问题的能力,养成学生独立思考问题的能力,培养学生协作的能力。

[学习重点] ①纵向分割的造型方法。

②衬衣的立体造型方法。

③马甲的立体造型方法。

④春秋装的立体造型方法。

[学习课时] 42课时。

　　服装分割能使服装胸部丰满,腰部合体。分割线不仅可以使服装具有美观性、装饰性,更具有功能性,是服装设计的灵魂。本学习任务主要从服装刀背缝分割和公主线分割以及实例等方面进行讲解。

一、纵向分割

1.公主线

　　公主线在人体分割设计中运用很广泛,从肩部到下摆纵向分割能更好地体现女性优美的身体曲线。这种分割突出了胸部丰满,腰身收紧,自上而下贯穿于肩部和下摆的破缝线,通常与胸省、腰省结合体现造型。

　　①各片取布根据衣长上下左右各加5 cm(前中布料宽加10 cm),将前片布料覆盖在人台上,径向和各围度线与人台标记对齐并固定(图5-1)。

　　②抚平布料,剪出前领口,剪掉肩部多余布料(图5-2)。

　　③根据人台公主线位置或者用标记带标出经过胸点的公主线位置,在肩宽处找出分割位

图5-1

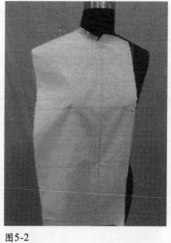
图5-2

图5-3

图5-4

图5-5

图5-6

置，剪掉多余布料，整理缝份，并找出腰围位置（图5-3）。

④检查胸点、腰部、臀部纵向分割的公主线的流畅感，轻轻掀起前片，为前侧片做好准备。在人台的侧位中心贴好垂直于地面的标记线（图5-4）。

⑤前侧片中心线与人台定位线对齐，胸、腰、臀与人台标记线对齐，并用大头针固定（图5-5）。

⑥整理好缝份，对好公主线，将前片和侧片别合，注意在腰围线、摆围处放出适量松量，剪去余布，并要做好造型面（图5-6、图5-7）。

⑦后衣片中心线与人台中心线对齐，几个围度线对齐（图5-8）。

⑧修剪出后领口，在领围处放入便于脖子运动的松量，整理领围。根据人台标记线定好肩线，在前肩线公主线分割的地方做出后公主线的分割点标记，并修剪余布，做好腰部标识（图5-9）。

⑨同前侧片一样，在后侧片的位置做好腰线标识（图5-10）。

⑩同前侧片一样，对好所有的标记并固定，注意丝缕方向（图5-11）。

⑪用抓合法别合好后公主线，注意流畅美观感。合侧缝，在侧缝处、臀围处分别给出适当松

量，观察衣服的整体平衡感，用抓合法固定好侧缝，修剪掉余布（图5-12、图5-13）。

⑫琢形（图5-14）。

⑬组装（图5-15、图5-16）。

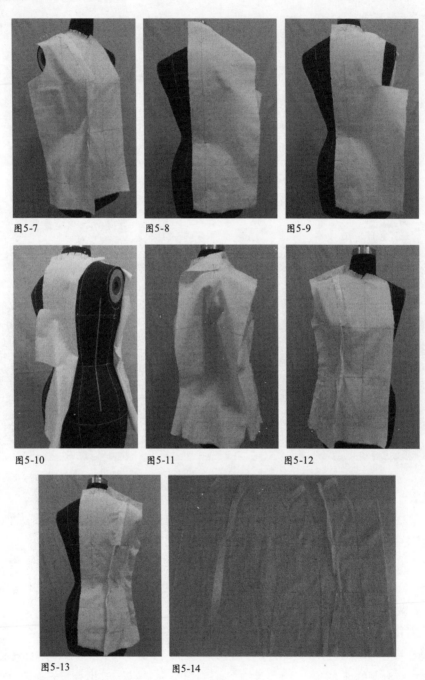

图5-7　　　　　　　图5-8　　　　　　　图5-9

图5-10　　　　　　　图5-11　　　　　　　图5-12

图5-13　　　　　　　图5-14

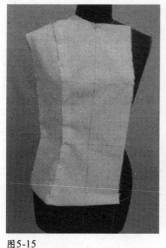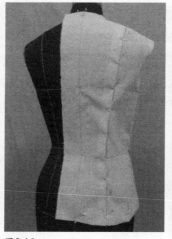

图5-15　　　　　　　图5-16　　　　　　　图5-17

2.刀背缝

刀背缝在服装分割运用中也非常广泛，特别是与胸省的结合，可完成胸部造型，美化视觉感受，更是对成衣造型的塑造。充分彰显服装大气、修身等特点。

①取布，贴标记线。同公主线取布一样，先取好布，做好各围度和径向标识。在人台上设计好前后刀背缝的分割位置，用胶带贴出流畅、美观的线条。

②同公主线一样，前中对齐，各围度对齐并固定（图5-17）。

③修剪领口，整理好肩部与领部（图5-18）。

④再次确定好刀背缝的分割位置，将胸点周围的余量适量归拢，做好胸部造型，剪掉侧边多余布料（图5-19）。

⑤同公主线制作侧片一样，放上前侧布料，对齐胸围、腰围和臀围线并固定，用重叠针法将前片与前腋下片拼合。腰部抓合时放好松量，在臀围线的位置要保留足够的松量，以便于运动。最后整理好刀背缝，调整至整体符合人体运动规律（图5-20）。

⑥将后片覆盖在人台上，坯布上的后中心线在人台上向左倾斜部分量，这个倾斜量作为腰部省道的量，在肩胛骨做出松量，固定各部位（图5-21）。

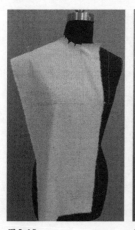

图5-18　　　　　　图5-19　　　　　　图5-20　　　　　　图5-21

⑦修剪领口,整理肩缝,在后中打好剪口(图5-22)。

⑧用色带标记于后刀背缝位置,将肩胛骨的余量部分揉和在刀背缝上部位置。修剪余量,整理肩部抓合的前后肩线(图5-23)。

⑨后侧与前侧一样对位,用重叠针法固定好刀背缝(图5-24)。

⑩剪掉袖窿以及刀背缝多余布料,将前后片对合,注意三围线对齐,在胸围处、腰围处放出松量,在摆围的地方也要留出适量松量,用抓合法固定好侧缝,修剪余量。整体调整,平衡(图5-25)。

⑪琢形(图5-26)。

⑫大头针组装固定成型(图5-27)。

友情提示

在拼合胸点以上时,要注意好造型面,不是通过拼接确定胸部松量而做出胸部造型的。

友情提示

要保持各围度线的水平,并确认好人台与布之间合适的松量,仔细调整。

图5-22

图5-23

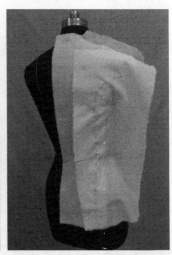

图5-24

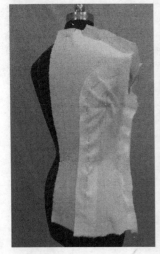

图5-25

图5-26

图5-27

二、衬衣制作实例

衬衣是各个季节都不可缺少的服装，有各种款式，运用非常广泛，款式丰富多彩。此处将讲解一款女士衬衫的制作。

①同前面所述，将坯布对齐人台中心线、胸围线并固定，修剪好领口、袖窿，在BP点处给出松量（图5-28）。

②将腋下胸围线上的固定点取掉，将袖窿处的量放下来，做好胸部的造型面，再在腋下侧缝线上合适的位置捏出腋下省（图5-29）。

 **友情提示**

注意要将布捋顺，领围线要盖住锁骨，并留有余量。顺着腋下点顺直捋平到腰围上、臀围线上固定，在离BP点垂直胸围线下3 cm左右的地方找好省尖，前片下摆打好刀位，留出适当松量捏出腰省。

图5-28   图5-29   图5-30   图5-31

③将后片中心线、胸围线、臀围线与人台上的线对齐固定，在肩胛骨的地方给出松量固定（图5-30）。

④修剪出后领圈，在肩部二分之一的地方做好肩省，确认好肩省的位置、长度、方向，修剪好肩线（图5-31）。

⑤在后片腰部位置捏出合适的腰省，给出合适的腰部松量，省尖距胸围线上2 m左右，底摆适当打好刀位（图5-32）。

⑥将前后肩线合起来，在肩端点的地方给出松量，别合前后侧缝，给出合适松量（图5-33、图5-34）。

⑦做好底摆的标记（图5-35、图5-36）。

⑧琢形（图5-37）。

⑨组装（正面如图5-38，侧面如图5-39，背面如图5-40）。

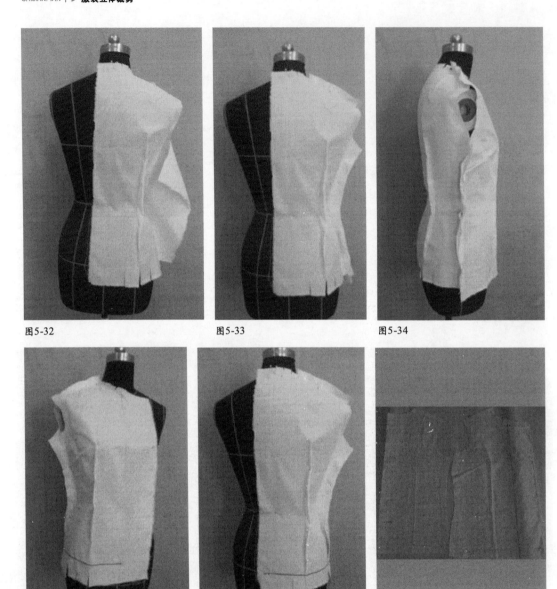

图5-32　　　　　　　　　图5-33　　　　　　　　　图5-34

图5-35　　　　　　　　　图5-36　　　　　　　　　图5-37

三、马甲制作实例

　　马甲穿着广泛，常穿在衬衣或者毛衣外，可以随意搭配变化。套装搭配从正统到娴雅庄重，处处体现着马甲的风范。由于马甲没有袖子，松量可以放小点，可以增加人体的曲线美，也不影响人体的正常活动。

 **友情提示**

　　男士衬衫领的制作如同立领制作，再做翻领部分。

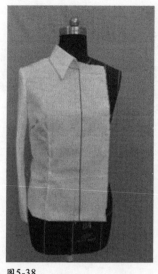
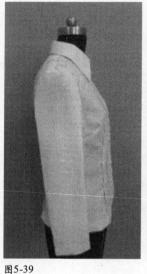
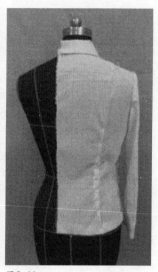

图5-38　　　　　　　　图5-39　　　　　　　　图5-40

　　①先将坯布在人台上备好，并修剪出领口弧线，坯布上的线与人台上的相应线迹对好位固定（图5-41）。

　　②贴出领口需要的领围造型线，贴出前门襟止口线，将肩线抚平固定（图5-42）。

　　③臂根让布自然下落，在胸围线侧面放出松量，将放下的多余浮余量放在腰部做松量，修剪袖窿处余布（图5-43）。

　　④确定省道，检查好省尖的位置、方向再固定，腰部留好合适松量（图5-44）。

　　⑤后衣片中心线与人台后中心线重合，胸围线与人台胸围线重合，做好肩胛骨的松量，并保持该松量一直在侧面。肩端点处放入松量，肩线处余量作缩缝处理，修剪好领口（图5-45）。

　　⑥确定腰省，检查省量、方向、省尖点并固定，剪去袖窿余布（图5-46）。

　　注意做好胸部上面的造型面，要有立体感。放下的多余的浮余量放在腰部做松量。

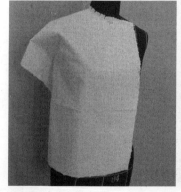
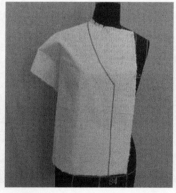
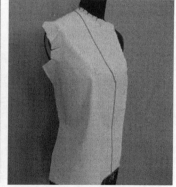

图5-41　　　　　　　　图5-42　　　　　　　　图5-43

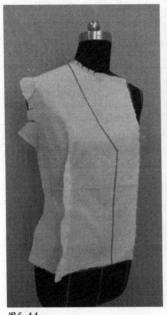
图5-44

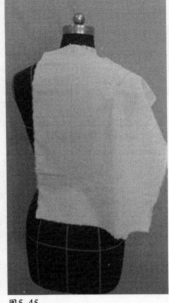
图5-45

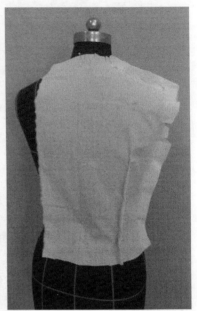
图5-46

⑦用抓合法合肩缝。后肩缝有缩缝量，也可用后肩缝压前肩缝，用重叠针法固定，剪去余布（图5-47）。

⑧琢形（图5-48）。

⑨组装（正面如图5-49，侧面如图5-50，背面如图5-51）。

友情提示

用抓合法合前后侧缝，注意留有一点松量。贴出底摆的造型线，点印各部位。设定袖窿深时，要考虑不妨碍内衣的穿着。

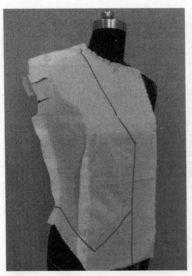
图5-47

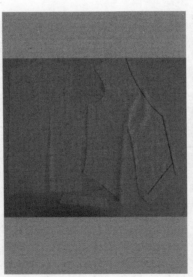
图5-48

图5-49

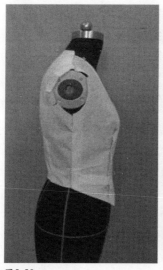

图5-50　　　　　　　　　　图5-51

四、横向分割（春秋装制作实例）

　　春秋装穿着时间很长，变化多端，能够体现女性服装的曲线与柔美。本款春秋装是直形公主线上衣，四片构成，从胸部至腰部成自然柔和的曲线，底摆局部波浪，富有朝气，轮廓简洁、明朗，呈喇叭形，是迪奥大师的经典之作。此款实例就是以横向分割腰线制作的春秋装，更加展示了女性的曲线美。

　　①将坯布的中心线、胸围线与人台上的各线对齐固定，BP点用针固定（图5-52）。

　　②修剪领口、肩线，公主线多余毛边留3 cm左右，在腰部打几个剪口（图5-53）。

　　③前侧片胸围线与人台上的胸围线对齐，做好造型面，在转折处做出松量并固定（图5-54）。

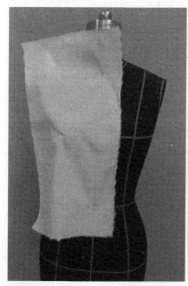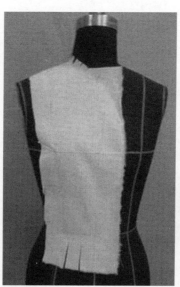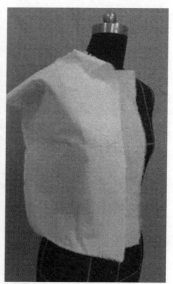

图5-52　　　　　　　　　　图5-53　　　　　　　　　　图5-54

④固定好肩点,沿着先标记的公主线固定前片和前侧片,上下分别留出适量松量。留3 cm左右毛边修剪肩线和公主线,在腰部打几个剪口(图5-55)。

⑤掀起前肩固定好。将后片中心线、背宽横线对齐人台上的相应线,在肩胛骨处固定两针留有松量,修剪后领口,然后6针固定公主线。修剪多余毛边,腰部打两个剪口(图5-56)。

⑥将胸围线与人台对齐,纱向垂直地面,固定好后侧胸围线处和腰围线处(图5-57)。

⑦固定肩点,固定好后公主线并留有适量松量,抓合好侧缝线留出适量松量,剪掉多余毛边。注意后侧要做好造型面(图5-58)。

⑧修剪各部位,留好余量。标出前后领口线、腰围线,点印好其他各部位(图5-59)。

⑨前底摆的前中心线、腰围线与人台上的线迹对齐固定(图5-60)。

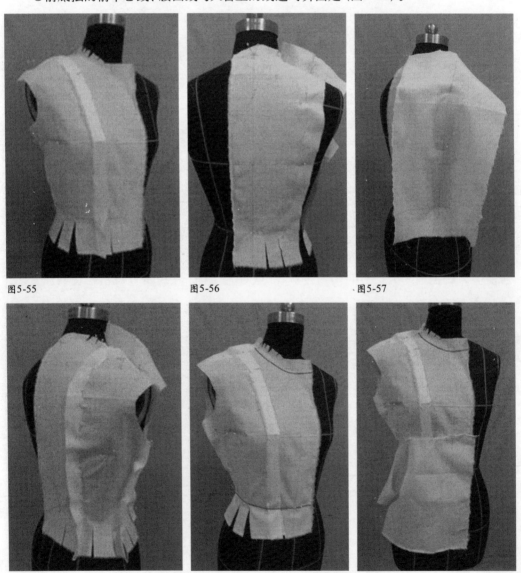

图5-55 图5-56 图5-57

图5-58 图5-59 图5-60

⑩横别两针，剪去多余毛边。在公主线下方的位置做第一个波浪，在此处打好剪口。在公主线到侧缝线的二分之一处打剪口，做好第二个波浪 (图5-61)。

⑪将后底摆的腰围线、后中心线与人台上的各线对齐并固定 (图5-62)。

⑫同前底摆一样，在公主线下方打剪口，做好第一个波浪。在公主线到侧缝线的二分之一处打剪口，做好第二个波浪 (图5-63)。

⑬抓合侧缝线，在侧中打剪口出现第三个波浪。剪去多余毛边，贴出底摆轮廓线。点印各部位，特别是前后腰围线、侧缝线和波浪合印 (图5-64、图5-65)。

⑭根据学习任务四中领的制作方法制作领，不同的是在贴领外轮廓造型线时，翻领部分由圆角做成尖角。

确定兜盖的位置，一般是在公主线向前2 cm至侧中为兜口长，大小适中即可 (图5-66)。

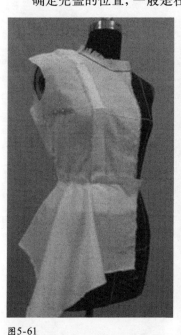
图5-61

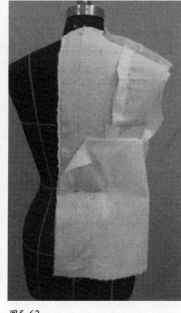
图5-62

图5-63

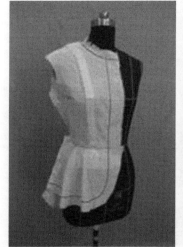
图5-64

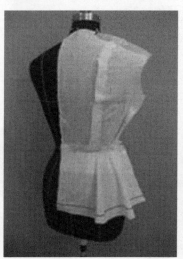
图5-65

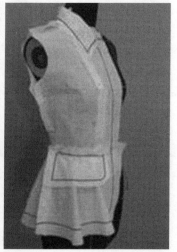
图5-66

⑮琢形（图5-67、图5-68）。

⑯整理、折叠、组装（图5-69）。

⑰贴出合适扣位。上下两粒扣的中心分别距前领窝、腰围线是扣子的直径，然后四等分，确定五粒扣（图5-70）。

⑱根据前后AH，运用原型裁剪法制作袖子（图5-71）。

⑲组装（背面如图5-72，正面如图5-73）。

图5-67

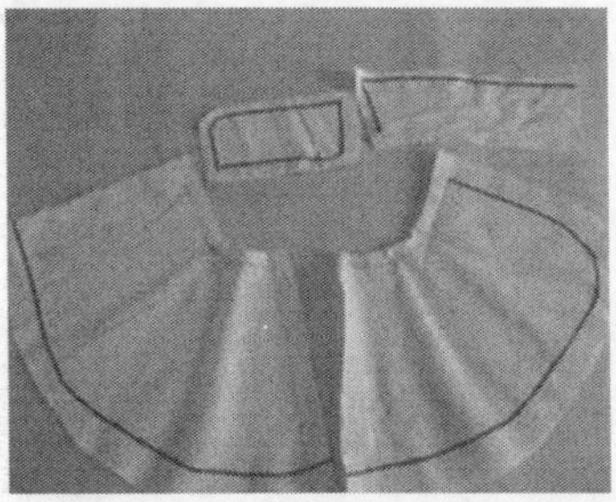

图5-69

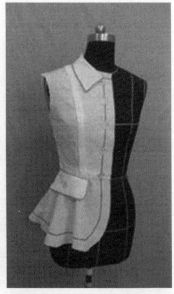

图5-70

图5-68

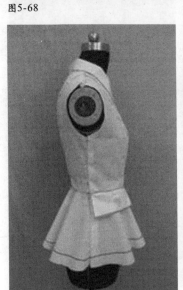

图5-71

图5-72

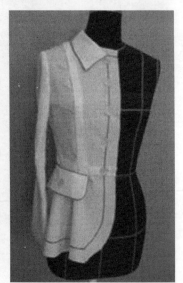

图5-73

1.服装的分割应该注意什么？
2.你能说出哪几种纵向分割、横向分割？

练一练

1.学生根据所学款式任选一款制作。
2.运用立体裁剪手法制作并组装完整作品。

学习评价

学习要点	我的评分	小组评分	教师评分
能运用立体造型手法制作分割、女式衬衣、马甲、春秋装，能修正并拓出纸样（40分）			
能根据上衣款式图、结构图运用正确的手工假缝手法进行立体造型（30分）			
能运用立体造型手法完整地进行整件上衣组装，能对立体造型作品进行调整（30分）			
总　分			

·· 知识链接

比基尼的诞生

众所周知，比基尼在20世纪60年代的新一代革命浪潮底下成为时尚，但它早于40年代已被发明，这套如内衣般分为上下两截的泳装，由一位法籍设计师路易斯·里尔德设计，由于该时期太平洋马绍尔群岛的比基尼岛进行的全球首次原子弹试爆，这件如核爆般划时代的泳服便以此为名。在比基尼岛第一颗原子弹爆炸的第18天，路易斯·里尔德于1946年7月18日在巴黎推出了一款由三块布和四条带子组成的泳装，这种世界上遮掩身体面积最小的泳衣，通过胸罩护住乳房，背部除绳带外几乎全部裸露，三角裤衩的胯部尽量上提，最大幅度地露出了臀腿胯部。它形式简便、小巧玲珑，仅用了不足30英寸布料，揉成一团可装入一个火柴盒中。在那时，泳装还是比较保守的，大都遮盖着身体的大部分，而里尔德的设计则与众不同。该泳装选用的是印有报纸内容版块的面料，表明精明的设计者暗示着他的大胆设计将会在世界报纸上占有大量版面。当一位名叫米查尔·伯纳蒂妮的脱衣舞女在一家游泳池边，第一次在大庭广众之下勇气十足地穿上比基尼时，令云集而来的记者们哗然。这种泳装面世令世界震惊的程度不亚于那一颗原子弹爆炸。别出心裁的里尔德不失时机地利用比基尼岛爆炸原子弹的影响，果断命名这种两片三点式泳衣为"比基尼"，增加了新泳装的时代色彩，从而大发横财。这套"服装"当时只在欧洲盛行，直至15年后才西传至美国。其中最经典的一款比基尼，算是20世纪50年代法国女影星碧姬·芭铎曾于大银幕穿的无肩带圆点图案比基尼泳装，时至今日，仍然被不少时装品牌放上天桥演变成新时尚。

>>>>>>>>> 学习任务六
女裙的造型设计

[学习目标]　①能够分析连衣裙结构。
　　　　　　②能根据裙款式图进行立体造型。
　　　　　　③能运用立体造型手法完整地组装整件裙。
　　　　　　④能对造型进行调整，能够拓版修正出纸样。
　　　　　　⑤培养学生知识迁移的能力以及分析问题的能力。

[学习重点]　①学习基础裙装的立体裁剪方法。
　　　　　　②学习对裙装的立体裁剪设计和技巧处理。

[学习课时]　30课时。

　　裙装是女装设计的主要组成部分，其造型变化多样，能够让女性着装大方、干练或者体现出妩媚、柔美等特点，是女性必备心爱之物。为了使裙装符合女性人体，并穿着感觉良好，就要合理处理好臀腰差，捏出多余的量，即省道。设计出合理的褶裥、分割等，是制作优美裙装造型的前提。

一、直裙

　　①坯布准备各两块，长：设计裙长+8 cm，宽：40 m，分别标注好前、后中心线、臀围线。腰围线上放出5 cm 缝份。

　　②前裙片腰围线、臀围线、前中心线分别对准人台上的三线并交叉针固定，臀围线加入1~4 cm的松量，并固定好臀围线（图6-1、图6-2）。

　　③将侧缝处坯布贴合人台略向后倒固定，臀腰差量在腰部按两个省量用抓合法固定，在腰部缝份上打剪口（图6-3）。

　　④将前侧缝布料翻转固定，为后片制作留空位。后片同前片一样，将三线对齐固定，在后臀围线上放出松量（图6-4）。

　　⑤同前片在腰部一样，做出两个省位（图6-5）。

　　⑥将前后片用抓合针法固定，整理，修剪多余缝份，用胶条贴出腰围线，根据裙长确定裙长点（图6-6—图6-8）。

　　⑦琢形（图6-9）。

　　⑧组装（图6-10—图6-12）。

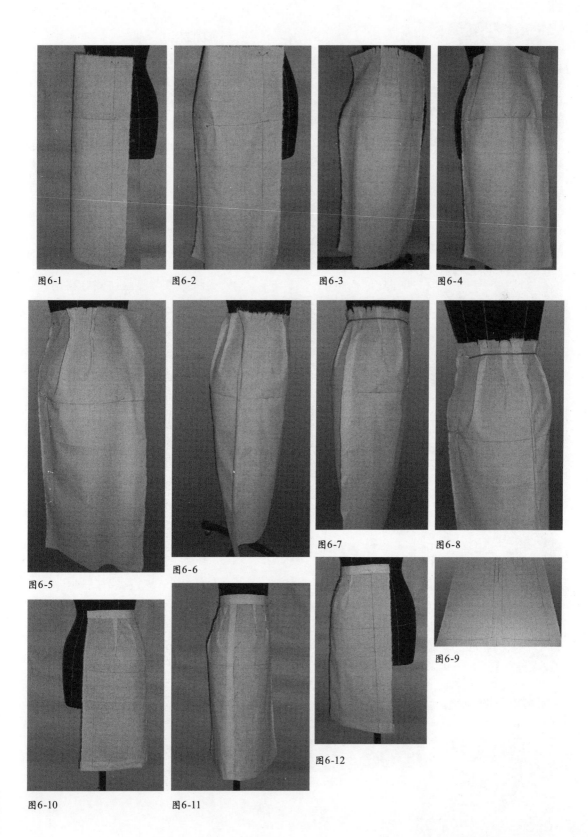

图6-1

图6-2

图6-3

图6-4

图6-5

图6-6

图6-7

图6-8

图6-9

图6-10

图6-11

图6-12

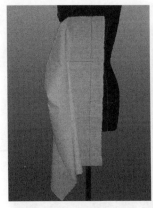

图6-13

图6-14

图6-15

图6-16

图6-17

图6-18

图6-19

二、波浪裙

波浪裙是腰部无省，从腰到下摆呈波浪状的松弛下摆的裙子。女性穿着波浪裙更加飘逸。

①坯布准备。前裙片、后裙片取布，长：78 cm左右，宽：47 cm左右。画出中心线、腰围线。腰围线以上预留8 cm，留足腰头量。

②将坯布前中心线、腰围线、臀围线与人台上的各线对齐，用交叉针固定（图6-13）。

③将布沿着腰线向侧缝移动，在需要的波浪处打上剪口，边整理下摆边确定好下摆波浪的量（图6-14）。

④和第一个剪口一样，在移动的过程中根据需要做好各个波浪的造型，在每个浪的臀围线上用大头针固定，整理腰部缝份（图6-15）。

⑤将做好的前片贴出腰线和造型线。用水平修剪法确定下摆线，并做好标记（图6-16）。

⑥后裙片和前裙片一样的方法制作，在臀部位置要注意下摆量会增大，注意前后波浪的平衡，最好各浪用交叉针法在臀围线上固定（图6-17、图6-18）。

⑦在前裙片波浪的地方做好标记，后裙片如前裙片制作。

⑧琢形（图6-19）。

⑨波浪裙装上腰头，整理裙子形状（图6-20—图6-22）。

图6-20

图6-21

图6-22

三、连衣裙

1.常见省的转移式连衣裙

①取布。

上衣前片——长：衣长+10 cm，宽：胸围/4 +15 cm；

上衣后片——长：衣长+10 cm，宽：胸围/4 +10 cm；

前裙片——长：裙长+8 cm，宽：臀围/4 +10 cm+抽褶量；

后裙片——长：裙长+8 cm，宽：臀围/4 +10 cm+抽褶量。

②在人台上贴上新的领围线、省位线以及新的腰围线（图6-23）。

③同前面原型衣制作一样，前衣身中心线和人台上的中心线对齐，胸围线水平对齐用大头针交叉固定（图6-24、图6-25）。

> **友情提示**
>
> 胸部乳沟处不要固定，否则布会塌陷，造成长度不足。

图6-23

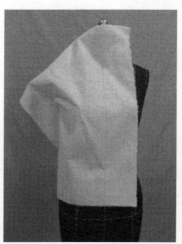
图6-24

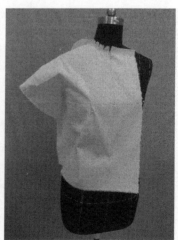
图6-25

④分别确定省道方向、省尖位置，捏出省道，并用抓合法固定，剪去肩、袖窿、腰等处余量（图6-26、图6-27）。

⑤将衣片的中心线同人台上的中心线对齐（此款式针对后中没有分割的衣片），固定好腰围线，顺势做好后领口省（图6-28）。

⑥别合前后肩线，再从腋下点顺势别合到腰围线上，给出松量，用抓合法别合好腰省，用针别出省尖，在腰下端打出剪口，然后剪掉余布（图6-29、图6-30）。

⑦将前裙片对齐前中心线、腰围线和臀围线，用制作波浪裙的方式制作腰口，然后点印出新的腰围线和臀围线。也可以用标记带粘贴（图6-31）。

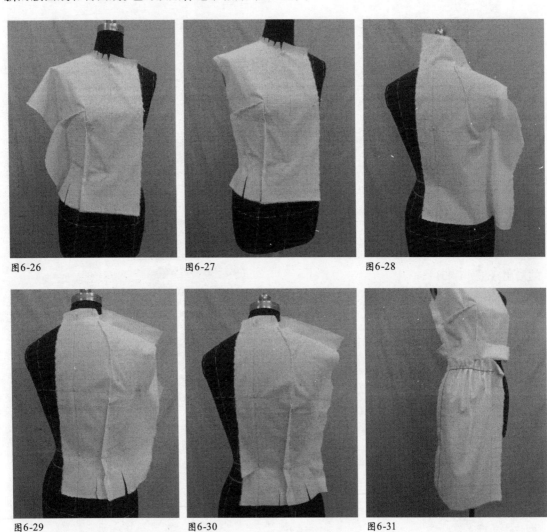

图6-26　　　　　图6-27　　　　　图6-28

图6-29　　　　　图6-30　　　　　图6-31

⑧先将前裙片掀起，给后片制作留出位置。后片与前裙片一样制作，注意对好后中心线、臀围线和腰围线。要注意前、后波浪的平衡。用抓合法别合侧缝，剪掉余布（图6-32、图6-33）。

⑨先将前、后中心线与新的领圈围线交点上用交叉针法固定，然后按新的领圈弧线修剪，别合好肩线（图6-34）。

⑩前后荷叶领仍然要将前后中心线对齐固定，并按波浪的制作方式进行。注意，每个波浪的地方要剪口并做好点印（图6-35）。

⑪琢形（图6-36、图6-37）。

⑫组装（图6-38—图6-40）。

图6-32　　　　　　　　　　　　　　　图6-33

图6-34　　　　　图6-35　　　　　图6-36　　　　　图6-37

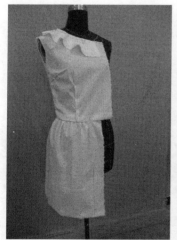  

图6-38　　　　　　　　图6-39　　　　　　　　图6-40

2.特殊造型连衣裙设计

①取布。

前衣片长——衣长+15 cm, 前衣片宽: 胸围/2+10 cm;

后衣片长——衣长+15 cm, 后衣片宽: 胸围/2+10 cm;

后侧缝长——39 cm, 后侧缝宽: 20 cm。

②将前中心线、胸围线、腰围线对齐人台, 并用交叉针法固定, 在两个胸部给出适当松量（图6-41）。

③固定胸围线上的腋下点, 修剪领口和肩缝, 固定颈侧点和肩端点（图6-42）。

④将前片两边的胸围线放下, 抚平固定, 保持胸围线以上的造型面, 手顺势顺着侧缝线垂直于地面方向移动, 并在腰围线上固定（图6-43、图6-44）。

⑤将袖窿放下的省量在前中合适地方做出造型, 在腰口打好剪口, 调整并固定（图6-45）。

⑥标记腰围线、新的领圈弧线, 固定好肩线（图6-46）。

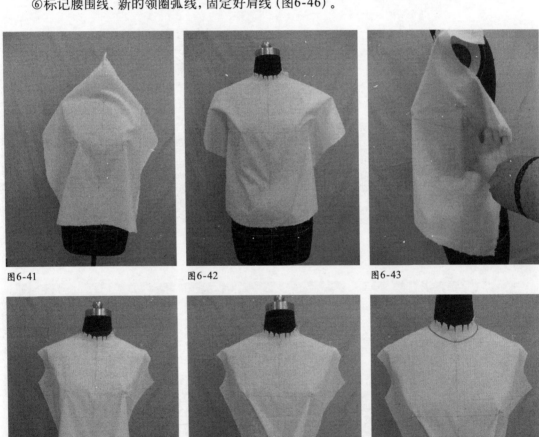
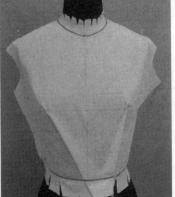

图6-41　　　　　　　　图6-42　　　　　　　　图6-43

图6-44　　　　　　　　图6-45　　　　　　　　图6-46

⑦将后片覆盖在人台上，对齐后中心线、胸围线和腰围线，给出肩胛骨处的松量（图6-47）。

⑧修剪领口，拼接好左右肩缝，先将后刀背缝用标记带标注好，然后剪掉余布（图6-48）。

⑨侧片对齐胸围线，侧片中心线垂直于地面，与刀背缝用重叠针法拼接后片大小片，将后片用抓合法固定侧缝线，注意给出松量（图6-49）。

⑩将前裙片腰围线、臀围线、前中心线对齐人台，用交叉针法固定。在侧缝线上给出适量松量后固定好侧缝线（图6-50）。

⑪手指从侧缝线固定点顺势向上固定到腰口，将臀腰差量留在腰上，做好造型褶，修剪腰口余量（图6-51）。

⑫将后片对齐后中心线、腰围线、臀围线，用交叉针法固定，与前片一样固定好侧缝点（图6-52）。

⑬将后片两个省量捏合，找好省尖，修剪好腰口（图6-53）。

⑭别合侧缝，修剪侧缝，做好底摆标记（图6-54）。

⑮琢形，根据腰围做好腰（图6-55—图6-58）。

⑯组装（图6-59、图6-60）。

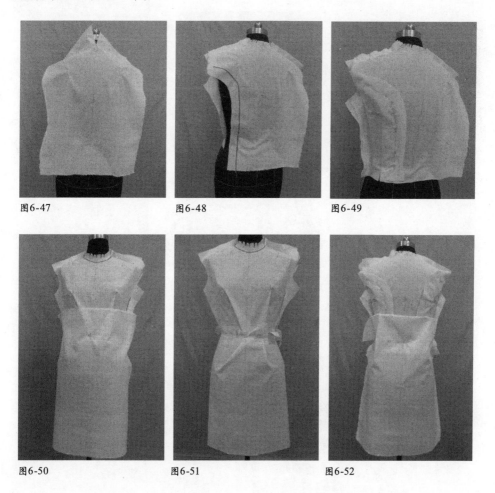

图6-47　　　　　　　　图6-48　　　　　　　　图6-49

图6-50　　　　　　　　图6-51　　　　　　　　图6-52

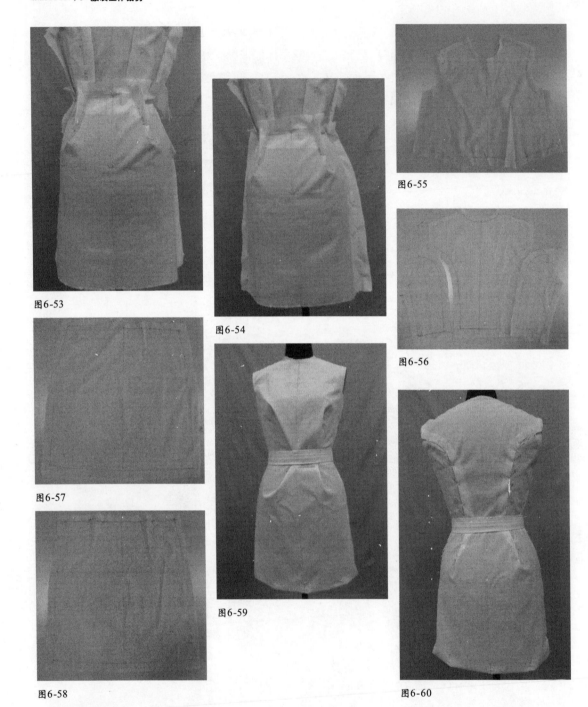

图6-53

图6-54

图6-55

图6-56

图6-57

图6-58

图6-59

图6-60

想一想

1.裙装千变万化,你能想到多少种裙装呢?你能说出不同裙装的制作特点吗?

2.你能想到裙装制作的一些装饰方法吗?（如：做花朵、蝴蝶结等）

1.制作直裙、波浪裙、连衣裙各一件。

2.自主设计一款女式连衣裙。

学习评价

学习要点	我的评分	小组评分	教师评分
能根据裙装款式图进行立体造型（30分）			
能运用立体造型手法完整地组装整件裙装（30分）			
会运用发散思维进行裙装设计（40分）			
总　分			

知识链接

奢侈品牌LOGO文化

1.GUCCI 古奇

创始人：Guccio Gucci，设计师：Guccio Gucci，发源地：意大利，成立年份：1923年，产品线：服饰、泳装、成衣、服装鞋帽、时装、珠宝首饰、香水。品牌故事：GUCCI的创始人是一位叫作GUCCIO GUCCI的意大利青年。1994年Tom Ford上任创意总监后，将传统品牌改变为崭新的摩登形象，将这个百年历史的米兰品牌推向另一个高峰，成为年轻一族时尚的经典代表。

①竹节手柄：GUCCI的竹节包取材于大自然，所有的竹子都从中国及越南进口，大自然材料以及手工烧烤技术成就其不易断裂的特点。

②马术链：在20世纪初的意大利，马匹是主要的代步工具，因此制造马具的人比较多，GUCCI是其中的佼佼者。系着马匹的马术链也是GUCCI的发明。这个著名的细节设计，除了因为美观，也是对过去马术时代的一个缅怀。GUCCI镶有马术链的麂皮休闲鞋已是鞋类历史上的一个典范，连美国的大都会博物馆都收藏了一双。

③印着成对字母G的商标图案及醒目的红色与绿色作为GUCCI的象征出现在公文包、手提袋、钱夹等CUCCI产品之内，这也是GUCCI最早的经典LOGO设计。

2.FENDI 芬迪

创始人：Adele Fendi，设计师：Karl Lagerfeld，发源地：意大利，成立年份：1925年，产品线：皮具、时装、鞋履、香水、珠宝首饰。品牌故事：芬迪是在第一次世界大战后以皮草起家的，以一流的毛皮类服装而著名。作为一个苦心经营的家族企业，芬迪是唯一不由男性经营的公司。Karl

Lagerfeld是该家族的好朋友，曾以戏剧性的毛皮时装设计为FENDI赢得全球声誉，使FENDI成为奢侈品的代名词。Karl Lagerfeld与芬迪合作的以双F字母为标识的系列是继CHANEL的双C字母、意大利GUCCI的G字母后，又一个时装界众人皆知的双字母LOGO，常不经意地出现在FENDI的服装、配件等细节上，后来甚至成为布料上的图案。

3.CELINE 赛琳

创始人：Michael kors，设计师：Celine Vipiana，发源地：法国，成立年份：1945年，产品线：服饰、成衣。品牌故事：要为豪华与奢侈找一个踏实的根据地，CELINE就可以。从20世纪40年代创立品牌到90年代由MICHAEL KORS执掌设计，不论潮流如何变化，实用一直是CELINE的座右铭。CELINE的服装华丽又实用，单品本身的质感符合"休闲华丽"这个看似矛盾的风格，而其皮件及配件从皮包、皮鞋到领带、丝巾都在奢华的基础上突出实用主义。

①"c"标志以及链状图案一直是CELINE品牌的经典图案，在皮件的皮面图案或金属扣头以及丝巾、领带的图案织纹上都可以看到，也可以容易地帮助我们辩识LOGO。

②"单座双轮马车"标志是CELINE如马具般精致品质的象征，经常成为皮件与皮鞋上的金属装饰。

4.Versace 范思哲

创始人：Gianni Versace，设计师：Gianni Versace，发源地：意大利，成立年份：1978年，产品线：彩妆、化妆品、手袋、香水、女装。品牌故事：著名意大利品牌Versace代表了一个时尚帝国。他的设计风格是美感极强的先锋艺术，是米兰时尚之都著名的三"G"之一（另外两个是Gucci和Gianfranco ferre）。Versace对古文明一直非常向往，所以以"蛇发魔女Medusa"作为精神象征。他在服装上的色彩感均来自于希腊、埃及、印度这些古文明帝国，而优美的线条剪裁又使其成为性感的代言人。

①因为不同的对象定位，副牌中有成熟女性的ISTANE、年轻男女的VERSUS、男装的V2及VERRY、儿童的YOUNG VERSACE。在这些产品设计中，可以很容易地看到图案或吊牌上具有神化色彩的"蛇发魔女Medusa"头像。

②在配饰和服装上，同样经常出现方形的曲线图案，体现着Versace的华丽和古文明的意味。

5.HERMES 爱马仕

创始人：Thierry HERMES，设计师：Jean-Louis Dumas-HERMES，Martin Margiela，发源地：法国，成立年份：20世纪20年代，产品线：男装、女装、眼镜、香水、珠宝、化妆品、服饰。品牌故事：当年身为新教徒的爱马仕家庭，为逃避宗教迫害，举家迁往德国的Crefeld。Therry Hermes在27岁那年远赴巴黎谋生，直到1837年，他得以在繁忙的Madeleine地区开设了他的首间马鞍及马具专门店。以著名的摩纳哥皇妃命名的"姬莉"手袋(Kelly bag)、"sac a Depeches"公事包、日程记事簿，"Chained' Ancre"船锚手镯及女士骑装，均是爱马仕伟大的传奇之作。第二次世界大战以后，爱马仕的商标已通过橙色礼盒、丝带及马车标志传扬四海。

①马车图案：这是HERMES从经营马具开始的悠久历史与精致品质的传统象征。

②H字型：对于现在夸张的LOGO名牌流行风，HERMES也不那么含蓄了。所以才有"H"字

型在近一两年的产品上经常出现。除了HERMES "H-our优雅时分" 手表系列的镜面造型之外，在它的男女拖鞋上也可以看到。

③HERMES签名：在HERMES 的皮件或者金属配饰上可以看到下面通常有一行PARIS的小字。

6.SALVATORE FERRAGAMO 菲拉格幕

创始人：Salvatore Ferragamo，设计师：Salvatore Ferragamo，发源地：意大利，成立年代：1927年，产品线：男装、女装、手袋、眼镜、鞋履、香水、配饰。品牌故事：要评论FERRAGAMO的经典地位，可以以意大利、纽约、巴黎的博物馆来作为参考，因为FERRAGAMO完美的造鞋工艺使得博物馆都对收藏它的产品感兴趣。装饰在皮件上的金色扣环 "Ω" 一直是辨认FERRAGAMO皮具、鞋子甚至发饰配件时最明显的标志，而这个金属扣环几乎每一季都有颜色上的变化。

7.CARTIER 卡地亚

创始人：Louis-Francois Cartier，设计师：Louis-Francois Cartier，发源地：法国，成立年份:1847年，产品线：珠宝、腕表、时钟。品牌故事:靠着制造高级珠宝钟表专业背景而驰名于世的Cartier，已有150多年的历史。它的顶级名声除了源于产品的高品质之外，喜爱它的顾客也是为它增添魅力的原因之一，上至皇室、下至全球知名艺人都和它 "有过关系"。1846年路易·弗朗索瓦以自己名字的缩写字母L和C环绕成心形组成的一个菱形标志注册了卡地亚公司，这代表着卡地亚公司的正式诞生。

①三环：路易·卡地亚的挚友，法国文人Jean Cocteau在一次巴黎的晚会上向卡地亚透露了自己对于首饰的美好向往。因此，卡地亚特别为其设计了一款别具匠心的饰品：由三种颜色的金组成的一款卡地亚戒指，三环交织的经典形象就这样诞生于一位诗人与一位珠宝巨匠的交谈中。三种颜色的金分别代表着不同的含义：白金代表友谊，黄金代表忠诚，玫瑰金代表爱情。此三环的设计也应用在手表、钢笔、打火机等其他配件上。

② "C" 字：1910年，卡地亚两个字母 "C" 相交错的标志首次呈现在皮件扣锁、表面或笔身上。这与CHANEL的经典双 "C" LOGO倒有几分相似之处，而卡地亚的设计师让娜·图桑正是COCO的朋友。在COCO帮助下，卡地亚得以陆续推出多款高级女子时装中不可或缺的珠宝饰品。

③ "豹"：豹向来是Cartier设计师们喜爱运用的灵感来源，从珠宝、手表、丝巾到皮件都可见到豹形扣锁或豹皮纹。

8.CD 迪奥

创始人：Christian Dior，设计师：加里亚诺，发源地：法国，成立年份: 1946年，产品线:化妆品、成衣、香水、皮具、时装、珠宝首饰、服装鞋帽、内衣。品牌故事："如果迪奥还活着，如今的时尚当是另外一个模样。" Christian Dior 是将传统服装带入现代功能主义的最具革新主义的艺术大师，他还培养了Pierre Cadin和Yaves Saint Laurent这样的时尚巨子。1997年，John Galliano的执印近乎完美地 "颠覆" 了Dior的本来面貌，但是对于Dior来说，奢华仍是本质。

①CD：这个缩写常出现在Dior的配件上，像是皮带、皮夹的扣环，或是眼镜架的侧面。

②Dior：Dior的另一个明显记号，在礼品盒上或皮包的提环上，也是 "Lady Dior" 皮包（已故的黛安娜王妃的钟爱）最明显的标志。

9.Chanel 香奈儿

创始人：Coco Chanel，设计师：Karl Lagerfel，发源地：法国，成立年份：1914年，产品线：男装、女装、眼镜、香水、珠宝。品牌故事：香奈儿夫人(GABRIELLE CHANEL)出生于1883年，逝世于1971年，COCO是她的小名，虽然她已离开我们很久，但是其经典的风格一直是时尚界的鼻祖。她最钟爱用黑色与白色进行美丽的幻化，实现一种绝对的美感以及完美的和谐。

①双C：双C已经成为一种时尚界的骄傲，也是这个地球上女人最想拥有的品牌！永远的香奈儿，香奈儿已经成为全球最知名的品牌。

②山茶花：没有人确切地知道为什么CHANEL对"山茶花"情有独钟。这容易让人想起俄罗斯的那位贵族。也许是因为爱情的力量，或者在一场俄国贵族的晚宴之前她的俄国情人曾亲自为她细心配戴；山茶花纯净的颜色，排列规则的花瓣，都使得CHANEL夫人深深为之着迷。对全世界而言，"山茶花"已经等同于CHANEL王国的国花，除了在各种饰品中出现外，更经常被运用在服装的布料图案上。

③菱形格纹：立体的菱形格纹也是CHANEL的标志之一，被广泛运用到服装和皮件上，后来还被运用到手表的设计上。

赏析篇

SHANGXIPIAN >>>

[综　　述]

赏析篇主要是让学习者感受服装的色彩搭配、结构设计、服饰造型设计的技巧。提高学习者对服饰的理解力，开拓学习者的视野。不同的服饰呈现，给学习者提供创作的源泉和灵感，提高学习者的欣赏水平和审美情操。

[培养目标]

①会说出服饰的特点，如结构设计、色彩、造型等。

②会阐述自己的设计理念。

③会欣赏不同风格的服装。

④提高学习者的欣赏水平。

[学习手段]

通过名家作品欣赏，了解服装的色彩、结构和造型，开拓视野，并为后期学习提供创作灵感。

图7-1

图7-2

图7-3

图7-4

图7-5

图7-6

图7-7

图7-8

图7-9

图7-10

图7-11

图7-12

图7-13

图7-14

图7-15

图7-16

图7-17

图7-18

附 录

FULU 》》》

>>>>>>>> 附录一
部分服装部位英文对照

中　文	英　文	中　文	英　文
上　裆	seat	驳头川	lapel
烫迹线	crease line	平驳头	notch lapel
翻脚口	turn-up bottom	戗驳头	peak lapel
裤脚口	bottom, leg opening	胸　部	bust
横　裆	thigh	腰　节	waist
侧　缝	side seam	摆　缝	side seam
中　裆	leg width	底　边	hem
腰　头	waistband	串　口	gorge line
腰　缝	waistband seam	驳　口	fold line for lapel
腰　里	waistband lining	止口圆角	front cut
裤（裙）腰省	waist dart	扣　位	button position
裤（裙）裥	pleat	前育克	front yoke
小裆缝	front crutch	领　省	neck dart
后裆缝	back rise	前腰省	front waist dart
肩　缝	shoulder seam	前肩省	front shoulder dart
领　嘴	notch	中山服领	zhongshan coat collar
门　襟	front fly; top fly	衬衫领	shirt collar
里　襟	under fly	圆　领	round collar
止　口	front edge	尖　领	pointed collar, peaked collar
搭　门	overlap	青果领	shawl collar
扣　眼	button-hole	方　领	square collar
眼　距	button-hole space	燕子领	swallow collar, wing collar
袖　窿	armhole	两用领	convertible collar

中　文	英　文	中　文	英　文
中式领	mandarin collar	袋盖袋	flap pocket
立　领	stand collar, Mao collar	锯齿形里袋	zigzag inside pocket
圆领口	round neckline	眼镜袋	glasses pocket
方领口	square neckline	有盖贴袋	patch pocket with flap
一字领口	boat neckline, slit neckline, off neckline	吊　袋	bellows pocket
连肩袖	raglan sleeve	风琴袋	accordion pocket
喇叭袖	flare sleeve; trumpet sleeve	暗裥袋	inverted pleated pocket
泡泡袖	puff sleeve	明裥袋	box pleated pocket
灯笼袖	lantern sleeve; puff sleeve	里　袋	inside pocke
蝙蝠袖	batwing sleeve	领　襻	collar tab
花瓣袖	petal sleeve	肩　襻	shoulder tab; epaulet
袖　口	sleeve opening	吊　襻	hanger loop
衬衫袖口	cuff	袖　襻	sleeve tab
袖　头	cuff	腰　襻	waist tab
橡皮筋袖口	elastic cuff	腰　带	waist belt
袖开衩	sleeve slit	线　襻	French tack
袖衩条	sleeve placket	挂　面	facing
大　袖	top sleeve	耳朵皮	flange
小　袖	under sleeve	滚　条	binding
插　袋	insert pocket	塔　克	tuck
贴　袋	patch pocket	袋　盖	flap
双嵌线袋	double welt pocket	连衣裙	one-piece dress
开　袋	insert pocket	新娘礼服	bridal gown, bridal veil
单嵌线袋	single welt pocket	燕尾服	swallow-tailed coat, swallowtail
手巾袋	breast pocket	大　衣	overcoat
卡　袋	card pocket	夜礼服	evening dress, evening suit

>>>>>>>> 附录二
服装专用符号说明

序 号	符 号	名 称	用 途
1	—③—	顺序号	制图的先后顺序
2	⌒⌒⌒⌒	等分号	该线段平均等分
3	≫≫≫ ◁	裥 位	衣片中需折叠的部位
4	⊢5⊣	间距线	某部位两点间的距离
5		连接号	裁片中两个部位应连在一起
6	⌐ ⌐	直角号	两条线相互垂直
7	○◎○△□∥	等量号	两个部位的尺寸相同
8	⊢—⊣	眼位	扣眼的位置
9	⊕	扣位	纽扣的位置
10	←————→	经向号	原料的纵向（经向）
11	————→	顺向号	毛绒的顺向

序　号	符　号	名　称	用　途
12		罗纹号	衣服下摆、袖口等处装罗纹边
13		明线号	缉明线的标记
14		皱褶号	裁片中直接收线成皱褶的部位
15		归缩号	裁片该部位经熨烫后收缩
16		拔伸号	裁片该部位经熨烫后扒开、伸长
17		拉链	该部位装拉链
18		花边	该部位装花边
19		合并、剪开	省道合并及剪开,将虚线部位合并,实线部分剪开
20		单褶	裥褶折倒的方向(斜线方向)
21		对褶	裥褶折倒的方向(斜线方向)
22		重叠线	纸样的重叠交叉

参考文献

[1] 魏静.立体裁剪与制版[M].北京:高等教育出版社,2012.

[2] 张祖芳,张道英,沈之欢,等.立体裁剪——基础篇[M].上海:东华大学出版社,2011.

[3] 王旭,赵憬.服装立体造型设计:立体裁剪教程[M].北京:中国纺织出版社,2009.

[4] 杨焱.立体裁剪[M].重庆:重庆大学出版社,2008.